U0196171

高等学校系列教材

机械设计与测量综合实验

邹德芳　王卿源　主　编
张　傲　郝瑞琴　副主编
何恩光　主　审

中国建筑工业出版社

图书在版编目（CIP）数据

机械设计与测量综合实验 / 邹德芳，王卿源主编；
张傲，郝瑞琴副主编. -- 北京：中国建筑工业出版社，
2024. 11. --（高等学校系列教材）. -- ISBN 978-7
-112-30552-0

Ⅰ. TH122；TG801

中国国家版本馆 CIP 数据核字第 2024E6J467 号

本书是一部面向机械类专业学生的综合实验教材，聚焦机械制图、机械设计、机械精度设
计与测量技术等专业基础课程，以经典轴系模型为载体，按照零件测绘、质量检测、轴系设计
的流程来串联知识点，形成系统性、综合性、集成性的实验教学脉络，有助于培养学生的动手
能力、工程实践能力和创新能力。内容涵盖轴、齿轮、箱体等零件的测绘及其精度测量、轴系
设计、机械传动实验，配合计算机辅助设计和现代测量技术应用，全面提升学生解决复杂工程
问题的能力。

本书适合高等院校机械类专业本科生和研究生使用，尤其是机械设计制造及其自动化、机
械工程等专业的学习者。此外，对于从事机械设计与制造的工程技术人员，本书也是一本具有
指导意义的参考教材。

为了更好地支持相应课程的教学，我们向采用本书作为教材的教师提供课件，有需要者可
与出版社联系。

建工书院：http://edu.cabplink.com

邮箱：jckj@cabp.com.cn　电话：(010) 58337285

QQ 群：1009048302

责任编辑：胡欣蕊

责任校对：芦欣甜

高等学校系列教材

机械设计与测量综合实验

邹德芳　王卿源　主　编

张　傲　郝瑞琴　副主编

何恩光　主　审

*

中国建筑工业出版社出版、发行（北京海淀三里河路 9 号）

各地新华书店、建筑书店经销

北京科地亚盟排版公司制版

建工社（河北）印刷有限公司印刷

*

开本：787 毫米×1092 毫米　1/16　印张：12　字数：274 千字

2025 年 1 月第一版　　2025 年 1 月第一次印刷

定价：**36.00** 元（赠教师课件）

ISBN 978-7-112-30552-0

(43796)

前　言

　　《机械设计与测量综合实验》是机械类专业一门重要的综合实验课程，是沈阳建筑大学机械电子工程实验室面向机械类专业开设的必修课程，实行独立授课模式，在学生能力和素质培养体系中占有十分重要的地位。本书结合沈阳建筑大学机械工程学院实验教学体系进行编写，适用于高等院校机械类专业本科的"机械设计""机械精度设计与测量技术""机械制图"等课程的实验教学。

　　传统的实验教学从属于单一理论课程，存在课程内容不成体系、实验项目之间缺乏联系、内容更新缓慢、验证性实验较多、创新性和综合性实验较少等问题，难以跟上现代产业技术的发展速度。本教材力求突破课程壁垒，以经典机械模型轴系为载体，将"机械设计""机械精度设计与测量技术""机械制图"等机械专业核心课程的知识点整合凝练，按照零件测绘、设计、检测的流程来串联知识点，形成综合性强、知识点集成度高的实验教学体系，有助于培养学生的动手能力、工程实践能力和创新能力。通过实验教学，学生可以掌握典型零件设计制造的全周期流程，并能够举一反三，对其他零件的设计制造进行自主学习，为专业课程的学习提供必要的知识储备。

　　本教材的任务是使学生掌握机械制图基本技能、建立机械设计的思想、熟悉机械精度测量的方法，能够根据设计数据和实验数据进行有效分析并得到有效结论。本教材配套课程着重培养学生的动手能力、实践能力和创新能力，进而引导学生用专业基础知识解决复杂工程问题，为学生未来从事机械类相关领域的技术工作奠定重要基础。本教材的主要特点如下：

　　（1）本教材根据现代人才培养需求，加强学生素质能力培养，以基础性实验、提高性实验、创新性实验三层次多模块教学实验为载体，循序渐进地提高学生的专业素质。

　　（2）本教材适当提高了三性实验（综合性、设计性、创新性）的比例，有利于培养学生的创新设计能力和团队协作精神。

　　（3）本教材中每个实验前增加了"概述"部分，对该实验的背景理论知识做了简要介绍，以便学生更深一步了解实验目的，更好地把握实验过程。

　　（4）本教材介绍了一些先进的测绘、测量技术，供学生自学。大力推进教学活动由"教"向"学"，再向"行"的转变，使教学活动建立在学生自主活动、自主探索的基础上。

本书由邹德芳、王卿源担任主编，张傲、郝瑞琴担任副主编。本书编写分工为：第一章由邹德芳、俞嘉诚编写；第二章由于文达、赵金宝编写；第三章～第五章由王卿源、王帅编写；第六章由邹德芳、王卿源编写；第七章～第九章由张傲、郝瑞琴编写；第十章由田军兴、喻明富编写；附录 A、附录 B、附录 C 由张傲、国显琦编写。全书由邹德芳主持统稿。

本书在编写过程中，得到了沈阳建筑大学教务处、机械工程学院的大力支持，并得到了沈阳建筑大学 2023 年教材建设项目的经费资助，在此表示感谢。

由于编者水平有限，时间较为仓促，书中难免有不足之处，敬请同行专家和广大读者批评指正，以便再版时修正。

目　录

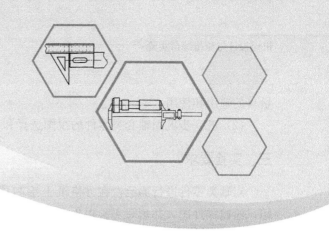

第一章　零件测绘

实验1　轴类零件测绘

一、概述

测绘是根据实物，通过测量绘制出实物图样的过程。测绘与设计不同，测绘是先有实物，再画出图样，而设计一般是先有图样后有样机。如果把设计工作看成是构思实物的过程，则测绘工作可以说是一个认识实物和再现实物的过程。

测绘往往对某些零件的材料、特性要进行多方面的科学分析鉴定，甚至研制。因此，多数测绘工作带有研究的性质，基本属于产品研制范畴。

零件测绘分为以下三种：

（1）设计测绘——测绘为了设计。根据需要对原有设备的零件进行更新改造，这些测绘多是从设计新产品或更新原有产品的角度进行的。

（2）机修测绘——测绘为了修配。零件损坏，又无图样和资料可查，需要对坏零件进行测绘。

（3）仿制测绘——测绘为了仿制。为了学习先进，取长补短，常需要对先进的产品进行测绘，制造出更好的产品。

零件测绘的步骤如图 1-1 所示。

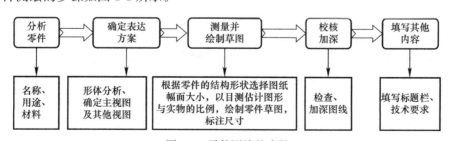

图 1-1　零件测绘的步骤

二、实验目的

（1）通过对轴类零件的测绘，了解其测绘的一般步骤，掌握其测绘的基本方法，熟悉

1

量具的选用和使用。

（2）进一步巩固轴套类零件的视图选择和表达方法以及查表计算等有关知识。

三、实验要求

对轴类零件进行测绘，在方格纸上绘制草图，根据其大小和复杂程度选择合适的图幅，绘制零件图，并填写实验报告。

四、实验设备、工具及零件

（1）量具：外径千分尺、游标卡尺、钢直尺。

（2）零件：实心轴类零件。

（3）绘图仪器：H 或 2H、HB 或 B 铅笔各一支，图板、丁字尺、三角板、圆规等制图工具。

（4）绘图纸：方格纸（或白纸）一张，图纸一张。

五、实验步骤

1. 分析零件的功用和结构特点

轴类零件的主体结构是由若干段直径不等的同轴回转体组成，轴向尺寸大于径向尺寸。轴一般是实心的结构，轴上常有键槽、螺纹、销孔等局部结构，此外还有一些工艺结构，如倒角、圆角、螺纹退刀槽、越程槽和中心孔等，如图 1-2 所示。

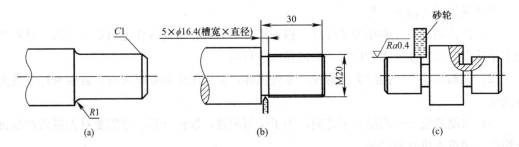

图 1-2 轴的工艺结构

（a）倒角、圆角；（b）螺纹退刀槽；（c）越程槽

2. 确定视图表达

轴类零件主要在车床和磨床上加工，装夹时轴水平放置，因此主视图按加工位置原则，轴线水平放置，垂直轴线的方向作为主视图的投射方向。主视图不仅表达了轴的结构特点，并且符合车削、磨削加工位置，便于加工看图。键槽、螺纹退刀槽、螺纹、倒角等结构，可采用移出断面图、局部剖面图和局部放大图等方法来表达，如图 1-3 所示。

3. 测绘零件、标注尺寸

轴类零件的尺寸分为径向尺寸和轴向尺寸。径向尺寸表达轴上各段回转体的直径，选择水平放置的轴线作为径向尺寸基准。功能尺寸由基准直接标出，其余尺寸一般按加工顺序标注，如图 1-4 所示。轴类零件上的倒角、螺纹退刀槽、越程槽、键槽和销孔等标准结构，测量后应对照相应的国家标准。

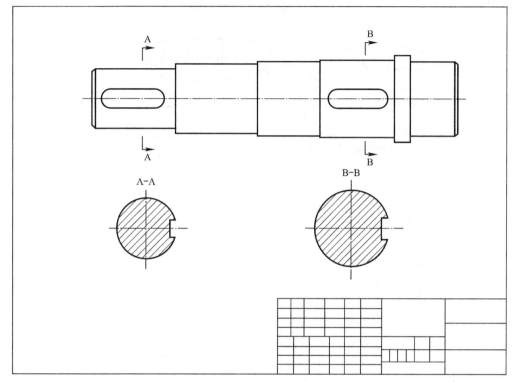

图 1-3　轴的视图表达

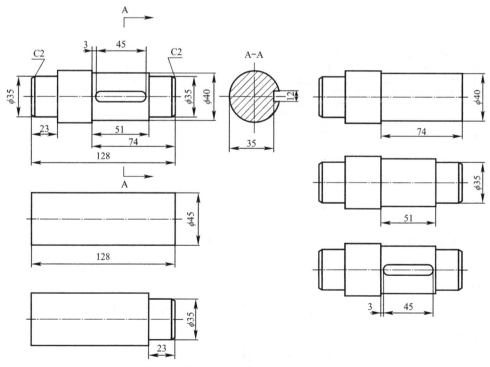

图 1-4　轴的加工顺序与标注尺寸的关系

（1）用游标卡尺或外径千分尺测量轴的径向尺寸，轴的配合直径按《标准尺寸》GB/T 2822—2005 圆整为标准值，逐个填写，如图 1-5、图 1-6 所示。

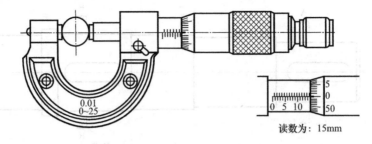

读数为：15mm

图 1-5　用外径千分尺测量轴的径向尺寸

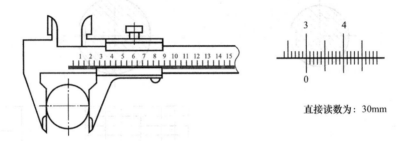

直接读数为：30mm

图 1-6　用游标卡尺测量轴的径向尺寸

（2）用游标卡尺或钢直尺和三角板配合，测量轴向尺寸。从主要基准轴肩开始测量，圆整数字逐个填写，如图 1-7 所示。

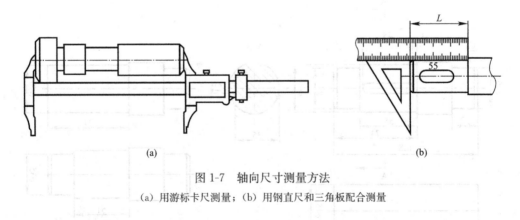

(a)　　　　　　　　　　　　　　　(b)

图 1-7　轴向尺寸测量方法

(a) 用游标卡尺测量；(b) 用钢直尺和三角板配合测量

（3）校核键槽尺寸。键槽长度查《普通型 平键》GB/T 1096—2003 取系列值；键槽宽度和深度根据轴径查《平键 键槽的剖面尺寸》GB/T 1095—2003 计算得到，列表填入报告册中。

（4）校核与滚动轴承配合的轴径尺寸。根据轴承内圈端面上的代号，得到与轴承内孔配合的轴径尺寸，列表填入报告册中。

（5）倒角、圆角尺寸根据轴径参照《零件倒圆与倒角》GB/T 6403.4—2008，列表填入报告册中。

4. 确定精度要求

（1）尺寸公差的选择

主要配合轴的直径尺寸公差一般为 IT6～IT9，精密轴段可选 IT5。相对运动的或经常拆卸的配合尺寸的公差等级要高一些，相对静止的配合尺寸其公差等级低一些。

（2）表面结构要求

轴类的支承轴颈表面结构要求较高，一般选 $Ra=0.8\sim3.2\,\mu m$，其他配合轴颈一般选 $Ra=3.2\sim6.3\,\mu m$，非配合表面的表面结构一般选 $Ra=12.5\,\mu m$。

轴的表面粗糙度 Ra 荐用值见表 1-1 与表 1-2。

轴的表面粗糙度 Ra 荐用值 （单位：μm）　　　　表 1-1

加工表面	表面粗糙度 Ra 值	
与传动件及联轴器等轮相配合的表面	1.6～3.2	
与传动件及联轴器相配合的轴肩端面	3.2～6.3	
与滚动轴承配合的轴径表面和轴肩端面	见表 1-2	
平键键槽	3.2（工作表面），6.3（非工作表面）	
安装密封件处的轴颈表面	接触式	非接触式
	0.4～1.6	1.6～3.2

配合表面及端面的表面粗糙度　　　　表 1-2

轴或轴承座孔直径（mm）		轴或轴承座孔配合表面直径公差等级					
		IT7		IT6		IT5	
		表面粗糙度 Ra 值（μm）					
>	≤	磨	车	磨	车	磨	车
—	80	1.6	3.2	0.8	1.6	0.4	0.8
0	500	1.6	3.2	1.6	3.2	0.8	1.6
500	1250	3.2	6.3	1.6	3.2	1.6	3.2
端面		3.2	6.3	6.3	6.3	6.3	3.2

（3）几何公差的选择

轴类零件通常是用轴承支承在两段轴颈上的，这两个轴颈是装配基准。因此通常对这两个支承轴颈有圆度、圆柱度等要求。对两个支承轴颈的同轴度要求是基本要求，另外还有其他配合轴颈对支承轴颈的同轴度要求，以及轴向定位端面与轴线的垂直度要求。为了便于测量，也应用圆跳动表示。轴的几何公差推荐项目精度等级及其与工作性能的关系见表 1-3、轴和轴承座孔的几何公差见表 1-4。

轴的几何公差推荐项目精度等级及其与工作性能的关系　　　　表 1-3

内容	项目	符号	精度等级	与工作性能的关系
形状公差	与传动零件相配合直径的圆度	○	7～8	影响传动零件与轴配合的松紧及对中性
	与传动零件相配合直径的圆柱度	⌀	见表 1-4	影响轴承与轴配合的松紧及对中性
	与轴承相配合直径的圆柱度			

内容	项目	符号	精度等级	与工作性能的关系
跳动公差	齿轮的定位端面相对轴线的端面圆跳动		6～8	影响齿轮和轴承的定位及其受载均匀性
	轴承的定位端面相对轴线的端面圆跳动		见表1-4	
	与传动零件配合的直径相对轴线的径向圆跳动		6～8	影响传动件运动中的偏心量和稳定性
	与轴承相配合的直径相对轴线的径向圆跳动		5～6	影响轴承运动中的偏心量和稳定性
位置公差	键槽对轴线的对称度		7～9	影响键与键槽受载的均匀性及安装时的松紧

轴和轴承座孔的几何公差　　　　表 1-4

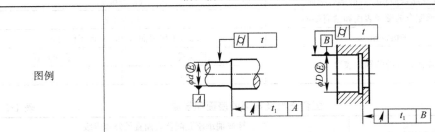

公称尺寸（mm）		圆柱度 t（μm）				轴向圆跳动 t₁（μm）			
		轴径		轴承座孔		轴肩		轴承座孔肩	
		轴承公差等级							
>	≥	0	6(6X)	0	6(6X)	0	6(6X)	0	6(6X)
—	6	2.5	1.5	4	2.5	5	3	8	5
6	10	2.5	1.5	4	2.5	6	4	10	6
10	18	3.0	2.0	5	3.0	8	5	12	8
18	30	4	2.5	6	4	10	6	15	10
30	50	4	2.5	7	4	12	8	20	12
50	80	5	3.0	8	5	15	10	25	15
80	120	6	4	10	6	15	10	25	15
120	180	8	5	12	8	20	12	30	20
180	250	10	7	14	10	20	12	30	20
250	315	12	8	16	12	25	15	40	25
315	400	13	9	18	13	25	15	40	25
400	500	15	10	20	15	25	15	40	25

5. 材料及热处理选择

轴类零件材料的选择与工作条件和使用要求有关。轴类零件常采用优质碳素结构钢或者合金钢制造，如 35 号钢、45 号钢、40Cr 钢、42CrMo 钢等，常采用调质、正火、淬火等热处理工艺，以获得一定的强度、韧性和耐磨性。不重要的轴一般采用 Q235 等碳素结构钢制造。

6. 画零件工作图

检查校核草图和尺寸、技术要求等，绘制零件图，参考《机械制图 尺寸注法》GB/T 4458.4—2003 进行尺寸标注，轴零件图如图 1-8 所示。

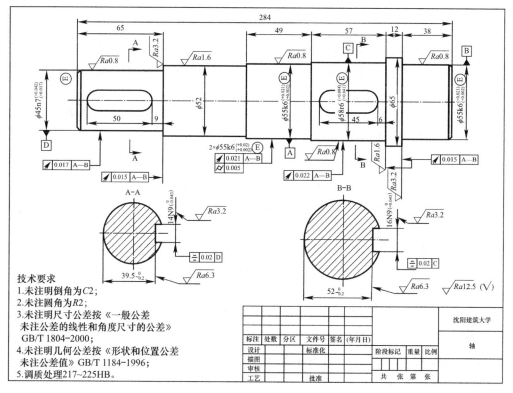

图 1-8　轴零件图

六、注意事项

轴类零件的轴向尺寸一般为非功能尺寸，可用钢直尺、游标卡尺直接测量各段的长度和总长度，然后圆整成整数。

轴类零件的径向尺寸多为配合尺寸，应先用游标卡尺测出各段轴径后，根据配合类型和表面结构要求查阅轴的极限偏差表对照选择相应的公称尺寸和极限偏差值。

轴类零件上的螺纹、键槽、螺纹退刀槽、销孔、倒角等结构，测量后要对照相应的国家标准再最终确定、并按规定的方式进行标注。

七、思考题

（1）零件主视图的选择主要有哪些原则？

（2）零件图中标题栏主要填写哪些内容？

实验2　直齿圆柱齿轮的测绘

一、概述

齿轮是组成机器的重要传动零件，其主要功用是通过平键或花键和轴类零件连接起来形成一体，再和另一个或多个齿轮相啮合，将动力和运动从一根轴上传递到另一根轴上。

齿轮是回转零件，直径一般大于宽度，通常由外圆柱面（圆锥面）、内孔、键槽（花键槽）、轮齿、齿槽及阶梯端面等组成，根据结构形式的不同，齿轮上常常还有轮缘、轮毂、腹板、孔板、轮辐等结构。按轮齿齿形和分布形式不同，齿轮又有多种形式。常用的标准齿轮可分为直齿圆柱齿轮、斜齿圆柱齿轮、圆锥齿轮等。

齿轮测绘是机械零部件测绘的重要组成部分，测绘前，首先要了解被测齿轮的应用场合、负荷大小、速度高低、润滑方式、材料与热处理工艺和齿面强化工艺等。因为齿轮是配对使用的，因而配对齿轮要同时测量。特别是当测绘的齿轮严重损坏时，一些参数无法直接测量得到，需要根据其啮合中心距 a 和齿数 z，重新设计齿形及相关参数，从这个意义上讲，齿轮测绘也是齿轮设计。

齿轮测绘主要是根据齿轮及齿轮副实物进行几何要素的测量，如齿数 z，齿顶圆直径 d_a、齿根圆直径 d_f、齿全高 h、公法线长度 W_k 等，经过计算和分析，推测出原设计的基本参数，如模数 m、齿形角 α 等，并据此计算出齿轮的几何尺寸，齿轮的其他部分结构尺寸按一般测绘原则进行，以达到准确地恢复齿轮原设计的目的。

由于齿轮精度较高，测量时应该选用比较精密的量具，有条件时可借助于精密仪器测量。齿轮的许多参数都已标准化，测绘中必须与其标准值进行比较；齿轮的许多参数都是互相关联的，需要经过计算获得。

二、实验目的

（1）通过测绘直齿圆柱齿轮，了解齿轮测绘的一般步骤，掌握齿轮测绘的基本方法，熟悉量具的选用和使用。

（2）进一步巩固视图选择和表达方法的有关知识。

三、实验要求

（1）对齿数为奇数和偶数的齿轮进行测绘，在方格纸上绘制草图。

（2）根据齿轮的大小选择合适的图幅，绘制零件图，并填写实验报告。

四、实验设备、工具及零件

（1）量具：游标卡尺和钢直尺。

（2）零件：偶数齿和奇数齿直齿圆柱齿轮。

（3）绘图仪器：H 或 2H、HB 或 B 铅笔各一支，图板、丁字尺、三角板、圆规等制图工具。

（4）绘图纸：方格纸（或白纸）一张，图纸一张。

五、实验步骤

1. 分析零件特点

齿轮类零件为回转体结构，一般轴向尺寸小于径向尺寸。齿轮根据尺寸大小和应用场合，分为实心结构和腹板结构，轴孔上常有键槽和倒角结构，腹板上有减重孔或辐条等结构。

2. 确定视图表达

齿轮类零件一般与轴配合，绘制轴类零件一般水平放置，因此齿轮在图中的表达按照与轴类零件的位置关系一致原则，一般在主视图中齿轮轴线水平放置，且主视图绘制成剖面图形式，如果齿轮上有键槽孔、辐条、圆孔等结构，则需绘制左视图表达，若只有键槽孔，键槽孔可用局部视图表达。

目测零件，选择合适的方格纸（或白纸），选择视图和表达方法，徒手绘制零件草图，标注尺寸线，尺寸界线。

3. 尺寸测量和标注

（1）数出齿数 z，确定是偶数齿轮还是奇数齿轮。

（2）用游标卡尺量出齿顶圆直径 d_a，当齿数为偶数时，直接测量齿顶圆直径 d_a，如图 1-9（a）所示；如齿数为奇数时，直接量得的尺寸不是实际的齿顶圆直径，而是小于齿顶圆直径，因此应分别测量齿轮的轴孔孔径 d_h 及齿顶到轴孔的距离 H_1，如图 1-9（b）所示，再计算出齿顶圆直径 $d_a = d_h + 2H_1$。

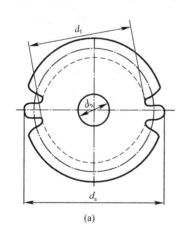 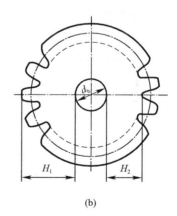

图 1-9　齿顶圆直径测量

（a）偶数齿；（b）奇数齿

（3）算出模数，根据《通用机械和重型机械用圆柱齿轮 模数》GB/T 1357—2008 查渐开线圆柱齿轮模数，取标准模数。

（4）按标准模数计算齿轮各部分尺寸：$d=mz$；$d_a=m(z+2)$；$d_f=m(z-2.5)$。在草图上标注以上尺寸。

（5）测量孔径，见图1-10。根据孔径 d_h 查表《平键 键槽的剖面尺寸》GB/T 1095—2003得到键槽宽度尺寸及尺寸公差，经计算得到键槽的深度尺寸及尺寸公差，并将尺寸标注在草图上。

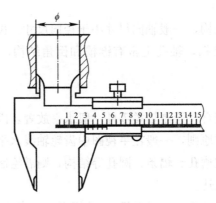

图1-10 孔径的测量

测出齿轮各部分尺寸，并将尺寸标注在草图上，见图1-11。

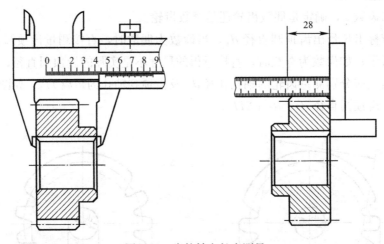

图1-11 齿轮轴向长度测量

（6）参照或查阅有关手册确定齿轮各部分的技术要求，并标注在草图上。在图纸的右上角填写齿形重要参数，填写零件草图标题栏。

（7）检查校核零件草图，绘制齿轮零件图。

4. 确定精度要求

（1）尺寸公差的选择

与轴配合的孔的直径尺寸公差一般为IT6～IT9，精密齿轮可选IT5。

（2）表面结构要求

齿面以及与轴、键配合的孔表面结构要求较高，一般选 $Ra=0.8\sim3.2$，其中啮合齿面精度一般要高于齿顶面精度，键槽孔两侧面精度要高于顶面精度，其他面 $Ra=6.3\sim$ 12.5，若毛坯件为铸件，非接触面可不必加工，选择毛面粗糙度。

（3）几何公差的选择

齿轮类零件与轴配合，孔为装配基准，因此通常对孔有圆度、圆柱度等要求。齿轮与齿轮之间为啮合关系，因此对齿顶圆有跳动度要求，有时也要求同轴度，对齿轮两侧面有垂直度或端面圆跳动要求。测出齿轮各部分尺寸，并将尺寸标注在草图上。

（4）齿轮基本参数表

齿轮类零件应在图纸右上方或者其他合适位置给出齿轮的基本参数，如模数、齿数、压力角、螺旋角、变位系数等，还应给出齿轮的精度，如：齿距累积总偏差、径向跳动公差、单个齿距偏差、齿廓总偏差、螺旋线总偏差等。

5. 材料及热处理选择

齿轮类零件材料的选择与工作条件和使用要求有关，常采用优质碳素结构钢或者合金钢制造，如 35 号钢、45 号钢、40Cr 钢、42CrMo 钢等，常采用调质、正火、淬火等热处理工艺，以获得一定的强度、韧性和耐磨性。参照或查有关手册确定齿轮各部分的技术要求。

6. 画零件工作图

检查校核草图和尺寸，参照或查有关手册确定齿轮各部分的技术要求，绘制齿轮零件图，参考《机械制图 尺寸注法》GB/T 4458.4—2003 进行尺寸标注，如图 1-12 所示。

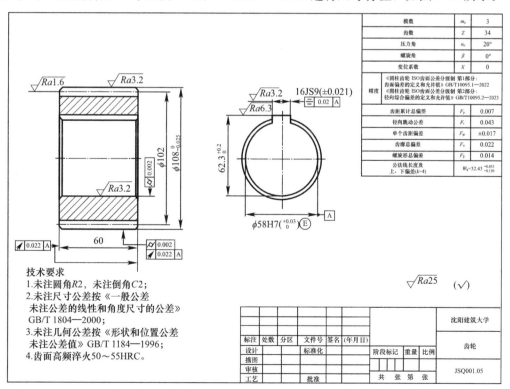

图 1-12　齿轮零件图

11

六、注意事项

齿轮类零件的轴向尺寸和腹板上的结构尺寸一般为非功能尺寸，可用钢直尺、游标卡尺直接测量，然后圆整成整数。径向尺寸多为配合尺寸，应先用游标卡尺测出孔径后，根据配合类型和表面结构要求查阅轴孔的极限偏差表对照选择相应的公称尺寸和极限偏差值。

七、思考题

(1) 齿轮的模数如何定义的？

(2) 齿轮的机械精度检测项目有哪些？

实验3　盘盖类零件的测绘

一、概述

盘盖类零件包括端盖、透盖、轴承盖、法兰盘、皮带轮、手轮等。轮一般用来传递动力和扭矩，主要起支撑、定位和密封作用。

盘盖类零件测绘是机械零部件测绘的重要组成部分，测绘前，首先要了解被测零件的应用场合、材料、热处理工艺等。因为盘盖类零件往往与轴或支座类零件连接，因而在配合的位置应注意尺寸精度和几何精度的选择。

二、实验目的

（1）通过对盘盖类零件的测绘，了解其测绘的一般步骤，掌握其测绘的基本方法，熟悉量具的选用和使用。

（2）进一步巩固前面所学的零件视图选择和表达方法以及查表计算等有关知识。

三、实验要求

对不同形状的盘盖类零件进行测绘，在方格纸上绘制草图，根据其大小和复杂程度选择合适的图幅，绘制零件图，并填写实验报告。

四、实验设备、工具及零件

（1）量具：外径千分尺、游标卡尺、钢直尺、内外卡钳。

（2）零件：盘盖类零件。

（3）绘图仪器：H 或 2H、HB 或 B 铅笔各一支，图板、丁字尺、三角板、圆规等制图工具。

（4）绘图纸：方格纸（或白纸）一张，图纸一张。

五、实验步骤

1. 分析零件的结构特点

盘盖类零件与轴套类零件类似，一般由回转体构成，所不同的是：盘盖类零件的径向尺寸大于轴向尺寸。这类零件上常具有螺纹退刀槽、凸台、凹坑、键槽、倒角、轮辐、轮齿、肋板和作为定位或连接用的小孔等结构。

2. 确定视图表达

盘盖类零件的多数表面是在卧式车床上加工，故与轴套类零件一样，主视图按加工位置配置，零件按轴线水平放置，选择垂直于回转轴线方向的作为主视图投射方向。为了表达内部结构形状，主视图常采用适当的剖面图。此外，一般还需要增加一个左视图或右视图，用来表达连接孔、轮辐、肋板等的数目和分布情况。对尚未表达清楚的局部结构，常采用局部视图、局部剖视、断面和局部放大图等补充表述。

3. 测绘零件，标注尺寸

（1）用游标卡尺或外径千分尺测绘径向尺寸，孔的配合直径按《标准尺寸》GB/T 2822—2005 圆整为标准值，标注到草图中。

（2）用游标卡尺或钢直尺测量轴向尺寸，从主要基准轴肩开始测量，对所测数字进行圆整，标注到草图中。

（3）用内外卡钳测量两孔的中心距，标注到草图中。如图 1-13（a）所示，当两孔直径相等时，可先测出 K 及 d，则两孔中心距 $A = K + d$。当两孔直径不相等时，可先测出 K 及两孔直径 D 与 d，如图 1-13（b）所示，则两孔中心距 $A = K - (D+d)/2$。

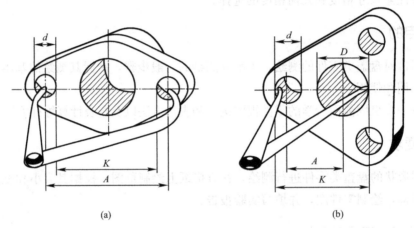

(a)   (b)

图 1-13　两孔中心距的测量

(a) 两孔径相等；(b) 两孔径不相等

（4）倒角、圆角尺寸根据轴径或孔径参照有关手册《零件倒圆与倒角》GB/T 6403.4—2008，标注到草图中。

4. 确定精度要求

（1）尺寸公差的选择

盘盖类零件有配合要求的孔与轴的公差等级一般选 IT6～IT9。

（2）表面结构要求

盘盖类零件有相对运动的配合表面，表面结构要求一般选 $Ra = 0.8 \sim 1.6$，相对静止的配合表面一般选 $Ra = 3.2 \sim 6.3$，非配合表面的表面结构要求一般为 $Ra = 6.3 \sim 12.5$。许多盘盖类零件的非配合表面是铸造面，则不需要标注参数值。

（3）几何公差

盘盖类零件与其他零件接触的表面应有平面度、平行度、垂直度要求。外圆柱面与内孔表面应有同轴度要求。

5. 材料及热处理的选择

盘盖类零件的坯料多为铸、锻件，不重要的零件的铸造材料多为 HT150 或 HT200，一般不需要进行热处理，但重要的、受力较大的锻造件常用正火、调质、渗碳和表面淬火等热处理工艺。

6. 画零件工作图

检查校核草图和尺寸、技术要求等，绘制零件图，参考《机械制图 尺寸注法》GB/T 4458.4—2003 进行尺寸标注，如图 1-14 所示。

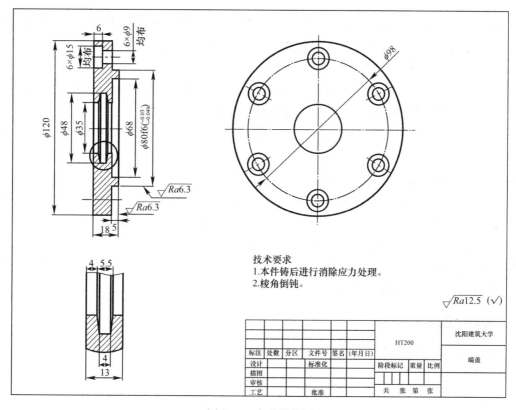

技术要求
1. 本件铸后进行消除应力处理。
2. 棱角倒钝。

$\sqrt{Ra12.5}$ $(\sqrt{})$

图 1-14　盘盖零件图

六、注意事项

盘盖类零件的有配合的孔或轴的尺寸可用游标卡尺测量，再查表选择符合国家标准的公称尺寸和极限偏差数值。一般性的尺寸，如盘盖类零件的厚度、铸造结构尺寸，可直接度量并圆整。螺纹、键槽、销孔、倒角、倒圆、螺纹退刀槽、越程槽等结构的尺寸，度量后要对照相应的国家标准后再确定，并按规定的方式进行标注。

七、思考题

（1）盘盖类零件有哪些特征？
（2）盘盖类零件上常见的孔的尺寸标注方法有哪些？

实验4　箱体类零件的测绘

一、概述

　　箱体是机器的基础零件，它将机器中有关部件的轴、套、齿轮等相关零件连接成一个整体，并使之保持正确的相互位置以传递转矩或改变转速来完成规定的运动。故箱体的设计和加工质量，直接影响到机器的性能、精度和寿命。

　　箱体类零件的结构复杂，壁薄且不均匀，加工部位多，加工难度大。据统计资料表明，一般箱体类零件的机械加工工时约占整个产品加工工时的 15%～20%。

　　箱体类零件一般是用来包容、支撑、安装或固定其他零件的，其结构形状比轴类、轮盘类和叉架类零件复杂得多。如一台普通的减速器，大部分的零件均和减速器箱体直接或间接有关。为了满足箱体类零件的使用要求，往往将其设计成中空型，其主体结构大体可分为 4 个部分：具有较大空腔的本身，安装、支撑轴及轴承的轴孔，与机架相连的底板和与箱盖相连的顶板。在功能上可分为 3 部分：工作部分、连接部分和安装部分。

　　常见的箱体类零件有机床主轴箱、变速箱体、发动机缸体和机座等。按照结构形式可分为整体式和分离式箱体。前者整体铸造、整体加工，加工困难但装配精度高；后者分开制造和装配，增加了装配工作量。

二、实验目的

　　（1）通过对箱体类零件的测绘，了解其测绘的一般步骤，掌握其测绘的基本方法，熟悉量具的选用和使用。

　　（2）进一步巩固前面所学的零件视图选择和表达方法以及查表计算等有关知识。

三、实验要求

　　对不同形状的箱体类零件进行测绘，在方格纸上绘制草图，根据其大小和复杂程度选择合适的图幅，绘制零件图，并填写实验报告。

四、实验设备、工具及零件

　　（1）量具：外径千分尺、游标卡尺、钢直尺、内外卡钳、圆角规、螺纹规。

　　（2）零件：箱体类零件。

　　（3）绘图仪器：H 或 2H、HB 或 B 铅笔各一支，图板、丁字尺、三角板、圆规等制图工具。

　　（4）绘图纸：方格纸（或空白纸）一张，图纸一张。

五、实验步骤

1. 分析零件的功用和结构特点

箱体类零件是机器或部件上的主体零件，箱体内需装配各种零件，因而内腔和外形结构都比较复杂，箱壁上常带有轴承孔、凸台、肋板等结构；安装部分还常有安装底板、螺栓孔和螺纹孔；为防止灰尘进入箱体及保证箱体内运动零件的润滑，箱壁部分常有安装箱盖、游标、油塞等零件的凸台、螺纹孔等结构；为符合铸造工艺，安装底板、箱壁、凸台外轮廓上常有拔模斜度、铸造圆角、壁厚等铸造工艺结构。

2. 视图选择

箱体类零件的主视图主要是根据形状特征原则和工作位置原则来确定，一般都能与主要工序的加工位置相一致。当箱体工作位置倾斜时，按稳定的位置来布置视图。一般都需要用三个以上的基本视图。常采用各种剖面图表达其内部结构形状，同时还应注意发挥右、后、仰等视图的作用。对于个别部位的细致结构，应采用局部视图、局部剖面图和局部放大图等补充表达，尽量做到在表达完整、清晰的情况下视图数量较少。

零件草图是以目测比例的方法徒手画成的，是绘制零件图的依据，可在方格纸上画出。

3. 尺寸分析

箱体类零件的主要基准一般为安装表面、主要支承孔的轴线、对称面和加工较好的底面、端面等。箱体类零件的定形尺寸直接标出，如长、宽、高、壁厚、孔径及深度、沟槽深度、螺纹尺寸等。定位尺寸一般从基准直接标出。分析配合尺寸，有配合要求的结构，其基本尺寸必须与相配合零件的尺寸一致，与标准件配合的部位要查手册取标准值，如与键、销、轴承、螺纹紧固件等的配合。

4. 测绘零件，标注尺寸

（1）用游标卡尺、钢直尺、三角板或内、外卡钳测量各类尺寸，逐个形体测量，逐一填写在相应的尺寸线上。如测得有小数时，可圆整。

注意：与标准件，如滚动轴承、螺栓、键、销等相配合的轴承孔、螺纹孔、键槽、销孔、沉孔等的尺寸，测量后必须用与它配合的标准件进行校核，查相关手册，采用标准尺寸。有时可直接通过标准件的型号查表确定。

（2）对于两零件有配合关系的尺寸（包括螺纹旋合），可只在一个零件上测量，得到基本尺寸，再根据使用要求确定其配合性质和公差等级，再查表确定偏差值。

（3）孔间距是箱体的重要尺寸，可用内、外卡钳测量相关尺寸后，通过计算得到，如图 1-13 所示。重要的孔间距尺寸还需要用公式校核。

（4）对于轮廓形状比较复杂的端面，可用拓印法在白纸上拓印出它的轮廓，然后用几何作图法求出各连接圆弧的尺寸和圆心位置，或用铅丝法求出。如图 1-15、图 1-16 所示。

（5）用圆角规或拓印法测量圆角，如图 1-17 所示。铸造圆角一般目测估计其大小即可，也可从相关工艺资料中选取相应的数值，不必测量。

（6）箱体类零件的内外表面常有交线，如截

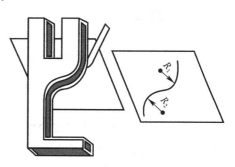

图 1-15　拓印法

交线、相贯线等，但两相交形体的表面特征及相对位置确定后，它们的交线会自然形成，因此不必测量这交线的尺寸，也不能标注交线的尺寸。

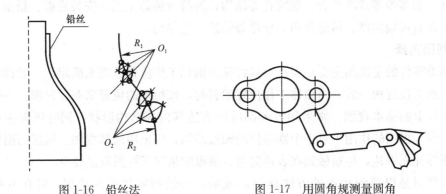

图 1-16　铅丝法　　　　　　　图 1-17　用圆角规测量圆角

5. 技术要求

（1）尺寸公差的选择

箱体上有配合要求的主要轴承孔要标注较高等级的尺寸公差，公差等级一般为 IT6、IT7 级。在实测中，尺寸公差也可采用类比法参照同类型零件的尺寸公差选用。

（2）表面结构要求

箱体类零件加工面较多，一般情况下，箱体类零件主要支承孔的表面结构要求较高，为 $Ra=0.8\sim1.6$，一般配合面的表面结构要求为 $Ra=1.6\sim3.2$，非配合面的表面结构要求为 $Ra=6.3\sim12.5$，其余表面都是铸造面，不做要求。

（3）几何公差

箱体类零件的结构形状比较复杂，要标注几何公差来控制零件形体的误差，重要的箱体孔和表面都应有几何公差要求，实测中可参照同类零件的几何公差。

6. 材料及热处理的选择

箱体类零件一般先铸造成毛坯，然后进行切削加工。根据使用要求，箱体材料可选用灰口铸铁，常用牌号有 HT150、HT200、HT250。某些负荷较大的箱体，可采用铸钢件铸造而成。为了避免箱体加工变形，提高尺寸的稳定性，改善切削性能，箱体类零件毛坯要进行时效处理。

7. 画零件工作图

检查校核草图和尺寸、技术要求等，绘制零件图，参考《机械制图 尺寸注法》GB/T 4458.4—2003 进行尺寸标注，如图 1-18 所示。

六、注意事项

箱体类零件的测量方法要根据各部位的形状和精度要求来选择，对于一般要求的线性尺寸，如箱体的长、宽、高等外形尺寸可用钢直尺直接测量，对于箱体上光孔和螺纹孔的深度可用游标卡尺上的深度尺测量，对于有配合要求的尺寸，用游标卡尺测量，以保证尺寸的准确、可靠。

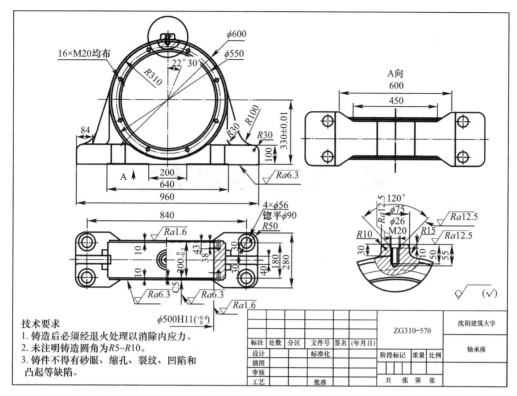

图 1-18　轴承座零件图

　　箱体类零件上的凸缘可采用拓印法测量，不平整无法拓印的，也应采用铅丝法。螺纹、键槽、销孔、倒角、倒圆、螺纹退刀槽、越程槽等结构的尺寸，度量后要对照相应的国家标准后再确定，并按规定的方式进行标注。

七、思考题

　　（1）典型零件主要有哪几种类型？
　　（2）箱体类零件图中的工艺要求主要有哪些内容？

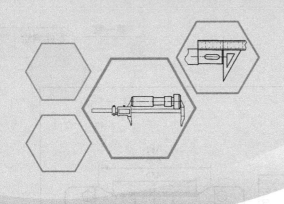

第二章　计算机绘图

　实验1　二维平面图形绘制

一、概述

计算机绘图软件可提供很多定点方式，但要精确地绘制有严格的尺寸要求的二维平面图形，必须合理应用精确绘图的不同方式。常用的几种方式包括键盘输入数据方式、对象捕捉方式、自动追踪方式、参考追踪方式等，必要时还可以几种方式结合起来一起使用。用于二维平面图形绘制的软件有很多种，本章演示所用的软件为应用较广的 AutoCAD。

通过键盘输入数据的方式包括绝对直角坐标、相对直角坐标、相对极坐标、直接给距离方式。其中，相对直角坐标常用来绘制已知 X、Y 两方向尺寸的斜线；相对极坐标常用来很方便地绘制已知长度和角度尺寸的斜线；直接给距离方式主要用于绘制直接注出长度尺寸的水平与竖直线段，输入形式为：打开正交模式，用鼠标导向，从键盘直接输入相对前一点的距离，即线段长度。不同形式的数据适合不同的输入方法。以上方式一定要根据图形中所给的数据特点，灵活、合理地选用，以提高绘图速度和准确度。

给绘制好的图形标注尺寸，应在已经建立好尺寸标注样式的基础上进行。如果没设置样式，则软件会应用系统缺省样式 ISO-25 进行标注。标注前先要对图形进行分析，分析有几种尺寸类型，分别该用哪些标注命令实现标注；然后再针对同一类型尺寸统一用一个标注命令进行集中标注；标注完以后，用编辑标注文字命令调整尺寸数字、尺寸线的位置，用打断命令打断穿过尺寸数字的线段。

二、实验目的

建立的初始环境，掌握综合运用绘图命令、编辑命令、辅助绘图方式、输入数据的不同方式，按照尺寸精确绘制二维平面图形的技巧，提高运用计算机快速而准确地绘制较复杂平面图形的技能。

三、实验要求

（1）熟练应用各种命令和辅助绘图手段，快速、准确地绘制二维平面图形。

（2）熟练标注各类型的尺寸。

四、实验内容及步骤

（1）结合实例体验不同的数据输入方式对绘图速度、准确性的影响。

（2）结合实例体验辅助绘图工具的应用对绘图速度、准确性的影响。

（3）结合实例体验尺寸标注的综合应用和快速标注的技巧。

【例 2-1】　绘制如图 2-1 所示的图形。

本例题的目的是体验、比较一下不同输入数据方式对图形绘制速度的影响，采用直接给距离方式和相对直角坐标方式绘图较快捷。

参考步骤：

（1）设置绘图单位、绘图界线、设置必要图层，调整线型比例，开始新的绘图。

（2）用鼠标指定起画点"A"，鼠标导向，直接给出距离 89、53、27、102、27、71（226－102－53）、71，画各条水平、垂直方向的线段。

（3）输入点的相对直角坐标@－38，35画斜线。

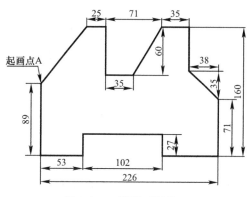

图 2-1　二维平面图形 1

（4）鼠标导向，直接给出距离 54（160－71－35）、35 画两条垂直、水平方向的线段。

（5）输入点的相对直角坐标@－36（71－35），－60 画斜线。

（6）鼠标导向，直接给出距离 35，60，25 画三条水平、垂直方向的线段。

（7）输入"C"闭合选项，封闭图形，完成绘制。

标注尺寸：

（1）用线性标注命令按照从左到右顺序标注垂直方向的尺寸 89、60、27、71、35、160，其中 71 和 35 是用连续方式标注。

（2）按照从上到下顺序标注水平方向的尺寸。用连续标注命令标注 25、71、35 和 53、102；用线性标注命令标注 35、38、226。

对象捕捉是精确绘图时不可缺少的、非常实用的定点方式，包括单一对象捕捉和固定对象捕捉两种。应用时，可以利用"草图设置"对话框，将常用的特征点，如端点、中点、交点、圆心、象限点、切点等设置为固定的捕捉对象，绘图过程只要按下"对象捕捉"按钮，就可以捕捉到各图形元素上的这些特征点；不太常用的特征点，可以用临时捕捉方式进行单一对象捕捉，启用如图 2-2 所示的"对象捕捉"工具条，需要哪种特征点直接点击相应的点标记，但捕捉一次就要点击一次。

自动追踪方式包括极轴追踪和对象追踪两种捕捉方式，它在很大程度上简化了绘图工作。应用极轴追踪方式，可方便地捕捉到所设角度线上的任意点；应用对象追踪方式，可方便地捕捉到经过指定的对象延长线上的任意点。

首先要进行必要的设置，方法是打开"草图设置"对话框，对捕捉和栅格、极轴追踪、

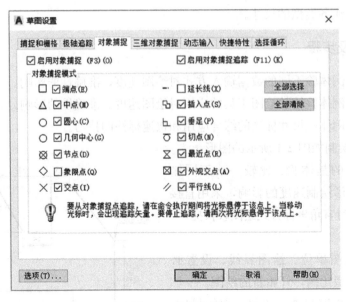

图 2-2　对象捕捉

对象捕捉三个标签进行必要的重新设置。比如，在极轴追踪标签下设置某角度的极轴追踪所使用的角增量，在对象捕捉标签下设定对象追踪过程中要以哪些特征点作为延长线所经过的指定对象。

参考追踪方式是在当前的坐标系中，用追踪其他参考点来确定点的方法。与前两种方式不同的是：前两种方式所捕捉的点与前一点的连线是画出的，而参考追踪方式从追踪开始到追踪结束所捕捉到的点与前一点的连线是不画出的，捕捉到的点称参考点。通常，参考点都是以输入尺寸的方式得到的，所以该追踪方式一般与输入尺寸的方式同时使用。

按照尺寸精确绘制图形是对以上方法的综合应用。绘制时不能拿来就画，而要做好充分的分析、准备工作，做到思路明确、心中有数。

绘制前，首先要对图形和尺寸进行分析，确定出绘图的思路、先后顺序、所给尺寸的数据输入方式，找出基准线、定位线，然后再按照既定的顺序开始画图。

绘制过程中要注意：在输入数据过程中要尽量减少尺寸的计算，在使用绘图命令的同时要合理使用编辑命令，这两点是提高绘图速度的关键；另外，取点时不要凭目测定位，要采用不同的捕捉方式或辅助绘图工具，有时也可借助编辑命令准确定位，这是提高绘图准确性的关键。

【例 2-2】　完成如图 2-3 所示的制图作业（标题栏的绘制）。

本例目的是体验、比较不同的绘图定点方式、数据输入方式对绘图的影响，领会绘图并非全靠绘图命令实现，编辑命令和多种定点方式的应用对快速、准确地绘图十分重要、有效。

参考步骤：

（1）根据【例 2-1】，设置必要的绘图环境。

（2）用鼠标导向，用直接给距离方式输入 180，56，180，"C"闭合选项画出四条水平、垂直方向的线段围成矩形框。

（3）使用编辑命令偏移（Offset），分别输入宽度方向数值偏移出各条线段如图2-4（a）所示。

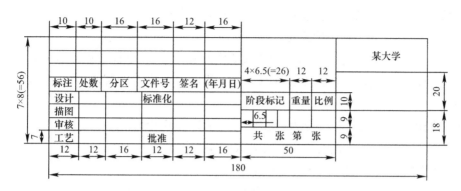

图2-3　标题栏

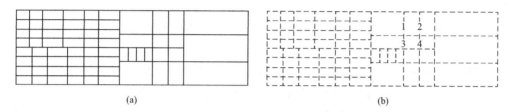

(a)　　　　　　　　　　　　　　　(b)

图2-4　标题栏绘制

（a）标题栏样式1；（b）标题栏样式2

这两步的技巧在于：用导向方式直接输入距离及用偏移命令画直线都不必单点计算坐标、输入坐标，所以快捷、简便。

（4）使用编辑命令剪切（Trim），选中所有线条作为剪切界线边，参照图2-4（b）中数字顺序，按照距离各自的界线边从远到近的顺序依次剪切相关的各边（如果不是按照图中数字的顺序，会有一些线段剪不掉，需要再用删除命令删除）。

（5）如果绘图时没对应相应的图层，最后要整理图形。将周围四个边整理到"粗实线"一层。

（6）按照设置好的文字样式填写文字，即完成图2-4所示的标题栏。

【例 2-3】 绘制图2-5所示的图形。

参考步骤：

（1）画定位用六条基准线段，如图2-6（a）所示。

1）根据【例2-1】，设置必要的绘图环境。

2）打开正交模式用Line命令画水平、铅垂两直线1、2。

3）输入偏移距离88，用偏移命令画出另一条铅垂线段3。

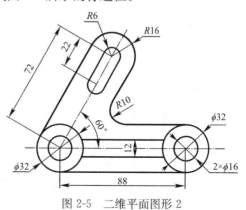

图2-5　二维平面图形2

4）画倾斜线段 4。用 Line 命令，打开对象捕捉模式捕捉到左边交点，通过输入相对极坐标@72＜60°指定下一点，或者设置角增量 60°运用自动追踪方式画出该倾斜线段。

5）设置角增量 30°，运用自动追踪模式画出与水平线呈 150°夹角的辅助线 5，输入偏移距离 72，用偏移命令得到与线段 5 相距 72 的平行线 6。

6）输入偏移距离 22，用偏移命令得到线段 6 下方的平行线段 7。

（2）用 Circle 命令，运用对象捕捉模式确定圆心，画七个圆，如图 2-6（b）所示。

1）分别以水平线段 1 与两个铅垂线段 2、线段 3 的交点为圆心，R16、R8 为半径，作 4 个圆。

2）以线段 4 和线段 6 的交点为圆心画 R6、R16 的两个圆。

3）以线段 4 和线段 7 的交点为圆心画 R6 的圆。

（3）画连接线段，如图 2-6（c）所示。

1）用 Line 命令画圆心在线段 1 上的 R16 的两圆的两公切线，起点及终点均用目标捕捉。

2）用 Line 命令画圆心在线段 4 上的 R16 两个圆、R6 两个圆的两公切线，起点及终点均用目标捕捉。

3）用 Offset 命令，设偏移量为 6，选取线段 1 向上、下两侧复制。

（4）用 Trim 命令修剪多余的线段或圆弧，如图 2-6（d）所示。

为高效起见，选择修剪界线边时，可把所有元素一次全部选中，选择修剪对象时按照相对各自界线边由远到近的顺序依次修剪。否则，会遗留部分剪不掉的线段再需用删除命令删除。

（5）作 R10 的连接圆弧，如图 2-6（e）所示。圆弧连接可以有多种作图方法，下面介绍几种。学生在实际作图中可以灵活运用多种方法。

方法一：利用计算机绘图软件作圆弧连接比用尺规作图要简单得多。用尺规作图需要找出连接圆弧的圆心和切点，用绘图软件则不需要。只需指明连接圆弧与谁相切，半径的值是多少，绘图软件会自动找出连接圆弧的圆心和切点，外切时用命令 Fillet（翻译成汉语是"给对象加圆角"或"圆弧连接"）。

操作步骤为：用圆弧连接命令 Fillet，输入圆角半径 10，即可直接用 R10 圆弧连接两直线段。

方法二：①用画圆命令中的"相切、相切、半径（T）"选项，选择与连接圆弧相切的两条边并输入半径的值（10），即可得到包含 R10 连接圆弧的圆。②用 Trim 命令修剪多余的圆弧即可。

方法三：模拟尺规作图的步骤。①用 Offset 命令，设偏移量为 10，选取水平方向的公切线段向上复制。②用 Offset 命令，设偏移量为 10，选取与水平呈 60°角的公切线段向右下方复制。③以两条偏移得到的线段的交点为圆心，以 R10 作圆，再进行修剪。

（6）整理图线，如图 2-6（f）所示。

1）选中所有中心线，再选择对象特性工具条中的"中心线"图层为当前图层，即把它置换到该层中；同样的方法将轮廓线置换到"粗实线"图层。或者，可以运用特性

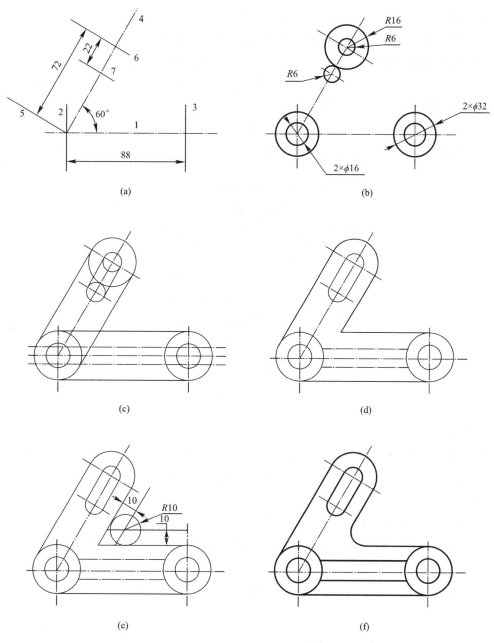

图 2-6 绘制过程

（Properties）对话框进行全方位编辑修改。如将粗实线置换到"粗实线"层，先选取所有的粗实线，在图层下拉列表中选"粗实线"层，此时粗实线将显示到该层，再按两下ESC 键。

2）将中心线等基准线条进行整理，按照制图习惯，一般要求它们超出轮廓线在 2～5mm 范围内，所以要用拉伸、修剪或打断再删除等编辑命令进行处理。最快捷的方法是用夹点快速编辑进行实时的动态拉伸或缩短等操作。

标注尺寸：

(1) 用线性标注命令标注 88、12 水平、垂直方向的尺寸。

(2) 用对齐（平行）标注命令统一标注 22、72 等倾斜尺寸。

(3) 用半径形尺寸标注命令统一标注圆弧或半圆的半径尺寸 $R6$，$R16$，$R10$。

(4) 用直径型尺寸标注命令统一标注圆的直径尺寸两个 $\phi32$、一个 $2\times\phi16$ 等。

(5) 用角度型尺寸标注命令标注角度 60°。

对不合适的标注用尺寸编辑命令进行整理、调整，甚至新建或修改标注样式。

【例 2-4】 绘制图 2-7 所示的平面图形。

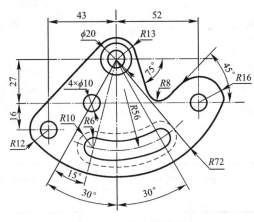

图 2-7　二维平面图形 3

参考步骤：

(1) 画已知线段，如图 2-8（a）所示。

1）用 Circle 命令画圆。利用固定对象捕捉模式捕捉圆心，以保证 $\phi10$、$\phi20$、$R13$ 和 $R72$ 为同心圆。

2）用 Copy 命令复制 $\phi10$ 圆，位移量分别是 @52、−27 和 @−43、−43。

3）用 Line 命令画中心线。可利用单一对象捕捉模式的临时捕捉模式 Snap from 相对基准点画线。

4）画 $R6$ 圆，并用 Trim 命令修剪至图示样。

5）画中间 $\phi10$ 圆。

(2) 画中间线段，如图 2-8（b）所示。

1）用 Circle 命令，以 $\phi20$ 圆为圆心，$R60$、$R56$ 为半径，作两辅助圆，得到 $R12$、$R16$ 两圆弧的圆心（$R12$、$R16$ 圆弧圆心分别在左右两个 $\phi10$ 小圆圆心所在的竖直线、水平线上）。

2）用 Circle 命令分别画 $R12$、$R16$ 圆。

3）用 Line 命令画 75°切线，起点捕捉 $R13$ 圆切点，终点输入 @33<−75（33 为随意值，也可以是其他，只要保证画 $R8$ 圆时能与之相切到即可）。

4）用 Line 命令画 45°切线，起点捕捉 $R16$ 圆切点，终点输入 @33<−135（33 同上为随意值）。

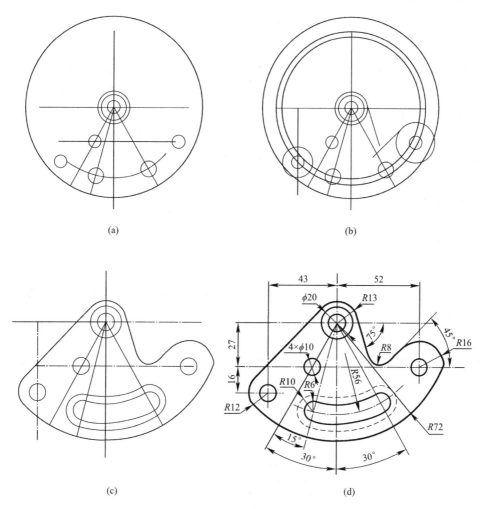

图 2-8　绘制过程

（3）画连接线段，如图 2-8（c）所示。

1）用 Erase 命令删除辅助圆。

2）用 Line 命令画 $R13$ 与 $R12$ 圆的公切线，起点及终点均用目标捕捉。

3）用 Circle 命令画 75°与 45°切线的公切圆 $R8$ 或用 Fillet 命令，设 $R=8$，连接两直线。

4）用 Arc 命令画圆弧，用 S、C、E 方式作图，应按逆时针方向选取起点、终点。

5）用 Offset 命令，设偏移量为 4，分别选取 4 段圆弧向外复制。

6）用 Trim 命令修剪多余的线段或圆弧。

（4）整理图形，如图 2-8（d）所示。

1）运用特性（Properties）对话框进行全方位编辑修改。将中心线置换到"中心线"层，先选取所有的中心线，在图层下拉列表中选"中心线"层，此时中心线将显示到该层，再按两下 ESC 键。用同样的方法将轮廓线、虚线置换到相应图层。

2）将中心线等基准线条进行整理，按照机械图国标要求，这些线条应超出轮廓线，在 2～5mm，所以要用拉伸、修剪或打断再删除等编辑命令进行处理，最快捷的方法是用夹点快速编辑进行实时的动态拉伸或缩短等操作。

标注尺寸：

(1) 用连续型线性标注命令标注水平、垂直方向的 43、52 和 27、16 两组尺寸。

(2) 用半径型尺寸标注命令统一标注圆弧或半圆的半径尺寸 $R13$、$R8$、$R16$、$R56$、$R10$、$R6$、$R12$ 和 $R72$。

(3) 用直径型尺寸标注命令统一标注圆的直径尺寸 $\phi20$、$4\times\phi10$。

(4) 用角度型尺寸标注命令标注角度 15°、两个 30°、45°、75°。

(5) 对不合适的标注用尺寸编辑命令进行调整、整理，甚至用新建、修改标注样式的方法实现理想的标注形式。

五、注意事项

(1) 在 Auto CAD 中绘制的对象都具有图层、线型、颜色和线宽等基本属性，在绘图前可为每个图层分别设置其默认属性，国家标准《机械工程 CAD 制图规则》GB/T 14665—2012 对机械工程图样中的图层标识、颜色和线宽等进行了规定，同时也对文字样式、尺寸线终端等进行了规定，在绘图时注意遵照标准。

(2) 建立一个横放的 A3 图幅的绘图环境，进行必要的设置，画图框，并按【例 2-2】推荐的格式画标题栏，用设定好的仿宋体文字字样填写标题栏中的文字。建好后要保存好文件，以备后面的实验使用。

(3) 推荐在课下完成图 2-9 的绘制和标注。

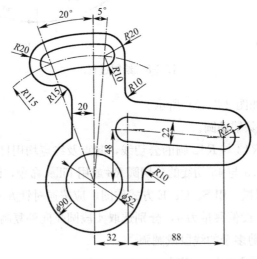

图 2-9 二维平面图形 4

六、思考题

(1) 尺寸是图样的重要内容，国家标准中规定的尺寸标注基本原则有哪些？

(2) 图线宽度有几种？各种图线的主要用途是什么？

实验2　零件图绘制

一、概述

表达零件的图样称为零件图。它是设计部门提交给生产部门的重要技术文件。它要反映出设计者的意图，表达出机器（或部件）对零件的要求，同时要考虑结构和制造的可能性与合理性，是制造和检验零件的依据。因此，要有一定的设计和工艺知识，才能画好零件图。本章主要讨论零件图的内容、零件的结构分析、零件表达方案的选择、零件图中尺寸的合理标注和技术要求、画零件图和看零件图的方法和步骤以及用计算机绘制零件图的方法等。

零件图是制造和检验零件用的图样。因此，图样中应包括必要的图形、数据和技术要求。图1-8、图1-12、图1-14、图1-18均为实际生产用的零件图，其具体内容如下：

（1）图形用一组视图（其中包括视图、剖面图、断面图、局部放大图等），正确、完整、清晰和简便地表达此零件的结构形状。

（2）用一组尺寸，正确、完整、清晰和合理地标注出零件的结构形状及其相互位置的大小。

（3）技术要求用一些规定的符号、数字、字母和文字注解，简明、准确地给出零件在使用、制造和检验时应达到的一些技术要求（包括表面粗糙度、尺寸公差、形状和位置公差、表面处理和材料热处理的要求等）。

（4）标题栏明确地填写出零件的名称、材料、图样的编号、比例、制图人与校核人的姓名和日期等。

二、实验目的

通过本次实验，学习、总结绘制零件图的方法和技巧，掌握零件图中尺寸标注、尺寸公差、形位公差、粗糙度等技术要求的标注方法，练习快速、准确补画零件图。

三、实验内容

（1）零件图绘制方法和技巧练习。

（2）尺寸公差、表面粗糙度、形位公差等技术要求的标注。

（3）其他标注（孔的深度符号、锥度符号、斜度符号、剖切符号等）。

（4）根据给出的零件图图形文件中已有图形，补画其他图形，练习各类标注。

四、实验步骤

与手工仪器作图不同，用计算机绘制零件图要遵循以下步骤进行。

（1）设置线型为中心线的图层为当前层，先画出重要位置线、对称线、中心线等基准线。

（2）根据"长对正、高平齐、宽相等"的制图规则，综合运用绘图命令、编辑命令及各种辅助作图方式，结合绘图技巧，画出所有图线。若图太小或太大，可适时借助图形显示命令。

（3）用设置好的尺寸标注样式，运用各尺寸标注命令，标注尺寸。

（4）将常用符号或图形如表面粗糙度、形位公差基准代号、尺寸标注用的一些特殊符号等建成块，插入进来，标注在适当位置。

（5）用设置好的汉字字样，注写技术要求、填写标题栏。

（6）进行总体检查、修改和必要的打印设置，以备绘图机、打印机输出。

零件图一般采用多个视图，视图之间、每个结构不同的视图上的投影也要保证对应关系，所以，利用"长对正"或"高平齐"作图，是一种通用方法。绘图过程要充分利用软件的各类作图工具，如对象捕捉、极轴追踪、对象追踪、正交工具、图层管理、编辑命令、显示控制、构造线等命令，结合平时积累、总结的绘图技巧，才能够快速、准确地绘制出图形。

以下是对不同类型的零件绘制方法和技巧的总结，供参考。

（1）轴套类零件图。轴套类零件一般采用主视图、剖面图、局部放大视图等表达方法。主视图绘制一般有三种方法：

1）用直线命令、正交工具和对象追踪绘制。画图时根据图中标注的尺寸，计算出线段的长度，先画出一半，另一半镜像产生。通常先画主要结构，再画圆角、倒角等细节。

2）用偏移、修剪命令绘制。该方法不必计算，直接输入偏移距离就行。画图时要将轴分成几段，实行分段偏移，偏移后马上修剪，防止偏移生成图线过多，修剪时过于混乱容易修剪错误。

3）综合运用以上两种方法绘制。画出了主视图以后，画断面图时，为了减少尺寸输入，可以先将断面图画在主视图内，再复制圆和键槽，最后再删除主视图内的圆。画局部放大图的方法是从主视图中复制出要放大的图线，再用缩放命令将其放大，用样条曲线命令画波浪线，修剪完成作图。

（2）盘盖类零件图。画盘盖类零件时，画出一个图以后，要利用"高平齐"画另一个视图，以减少尺寸输入；对于对称图形，先画出一半，镜像生成另一半。复杂的盘盖类零件图中的相切圆弧有三种画法：画圆修剪、圆角命令、作辅助线。

（3）叉架类零件。叉架类零件的形状一般都比较复杂，但都可以分为固定、工作、连接三部分。画图关键是要按部分绘制，化整为零，化繁为简，先画主体再画细节，那么每一部分都不会比前面画过的平面图形复杂。当用多个视图表示零件形状时，要注意利用"长对正、高平齐、宽相等"的投影规律作图，以减少尺寸输入。对于零件中的倾斜结构，一般应按水平或垂直位置画出，再将它们旋转到要求位置。当用多个视图表示零件形状时，不一定要从主视图画起，应当从反映主体端面实形的视图画起。

（4）箱体类零件图。箱体类零件图是各类零件中最复杂的一种。如果一条线一条线地画，很难提高效率，也容易出错。画图的关键是要做好形体分析，将整个零件划分为几个部分，然后以每一部分为基本单元，进行分析、作图、标注尺寸等。

　　该类零件一般也用多个视图表达，为减少尺寸输入，避免重复分析和计算尺寸，最好利用投影规律，以基本体为单元，将有该基本体投影的视图一起画，画完基本体以后，再用修剪、延伸等命令修改结合部位的图线。

　　画复杂的零件图，要先画主体，再画圆角和倒角等细节。另外，根据作图需要，适时关闭/打开相应的图层也是必须要掌握的技巧。例如绘制剖面线以前要先关闭中心线层，以免中心线干扰选择填充边界；标注尺寸时要先关闭剖面线层，以免在剖面线影响端点的捕捉；对螺纹孔的剖面图填充剖面线时关闭细实线层，选择填充边界后再打开，可快速实现剖面线按照要求穿越螺纹小径线。

　　绘制完毕，必须要对图形进行修改，对图线进行整理，比如个别的线段、尺寸等实体不在相应图层或线型比例、标注样式不合适，中心线过短或超出图形过长，两条中心线相交不是画和画相交等。这些都属于编辑、修改的范围。下列是比较快捷、方便的方法。

　　（1）用特性匹配功能进行特别编辑。特性匹配功能可把作为源实体的颜色、图层、线型、线型比例、线宽、文字样式、标注样式、剖面线等特性复制给其他实体。比如画图过程没有严格按照图层绘制，可以统一对所有图线进行整理，用某个实体去格式化其他与之同层的对象。用法与 Word 中"格式刷"的功能和用法相近，选中源实体，单击标准工具栏中的█图标后去"刷"要修改的目标物体。

　　（2）用夹点功能进行快速编辑。夹点功能可以快速完成在绘图过程中常用的 Stretch、Move、Rotate、Scale、Mirror 等编辑命令的操作，能更加快速修改图形。使用方法是单击对象，对它出现的夹点直接进行拉伸、移动等编辑操作。

　　（3）用"特性（Properties）"对话框全方位编辑修改。特性（Properties）对话框可以随时对任意单个或多个实体进行全方位编辑修改。用法是单击标准工具栏中的▣按钮，出现"特性"对话框，选中任意实体（单个或多个），在该对话框中就可对其进行全方位的修改。

五、零件图的标注

1. 尺寸标注

　　零件图尺寸标注前要对零件做形体分析，以基本体为单位进行标注。对每一基本体也要分析，根据尺寸类型选择尺寸样式，运用已建好的标注样式，标注其三个方向（或轴向、径向两方向）的定位尺寸和定形尺寸。标注完，要统一整理，例如用编辑标注文字命令调整尺寸数字、尺寸线的位置，用打断命令打断穿过尺寸数字的线段，调整中心线等。以下举一些特殊标注的例子，供参考。

　　【例 2-5】　标注带特殊符号的尺寸（ϕ20）

　　用直径标注命令标注圆的直径尺寸，会在尺寸数字前面自动加上前缀 ϕ。

　　而在非圆视图上的直径尺寸则不能使用直径标注命令，但用线性标注命令标注时数字前不出现前缀 ϕ。有如下两种方法可以解决：

　　（1）用线性标注命令标注，当出现命令提示［多行文字（M）/文字（T）/角度（A）/水平（H）/垂直（V）/旋转（R）］选项时，输入多行文字或文字选项的关键字 M 或 T，之后从键盘

输入前缀 ϕ 的控制代码（%%C）及尺寸数字。

（2）专门设置一种尺寸标注样式，在标注样式管理器"主单位标签"的前缀一栏，为线性尺寸设置上前缀"%%C"，则用线性标注命令标注时，在尺寸数字前面自动添加前缀 ϕ。角度符号"°"的控制代码是"%%d"。

【例 2-6】 标注只有一条尺寸界线的尺寸。

对于只画出一半或一部分的对称图形、局部剖面图、半剖面图，局部视图，标注的尺寸只能有一条尺寸界线、一个箭头。

如果这类尺寸多，可对这类尺寸专门设置"只有一条尺寸界线的尺寸"标注样式，在机械图尺寸标注通用样式"GB"的基础上建立。方法是在标注样式对话框的"直线与箭头"标签隐藏其中几项，一般隐藏尺寸线1、尺寸界线1。通常 AutoCAD 将标注尺寸时先捕捉的一端称为尺寸线1、尺寸界线1，后捕捉的一端称为尺寸线2、尺寸界线2。标注时，通常捕捉不到隐藏的那条尺寸界线的位置，此时其位置可以随意确定，尺寸数字用"T"选项输入，并且要注意使尺寸线略超过对称中心线。

如果这类尺寸很少，可以不必设置标注样式，用标注样式中的"替代"选项来解决。也可先标注完整的尺寸，然后将尺寸分解（打散），删除一个箭头，再用拉长、打断或加点编辑来调整尺寸线的长度。

2. 技术要求标注

零件图的技术要求包括：尺寸公差、表面粗糙度、形位公差、说明文字。一般用建好的标注样式或者用线性标注命令的"文字（T）"或"多行文字（M）"选项标注尺寸公差，用插入带属性的图块标注表面粗糙度，用快速引线命令标注形位公差。

（1）标注尺寸公差。由于每次标注的尺寸公差数值可能不同，因此，一般应使用尺寸标注样式中的"替代"选项进行标注。如图 2-10 中的三种尺寸，需分别采用三次替代来标注。

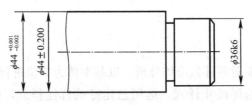

图 2-10　尺寸公差标注的不同形式

图 2-10 中 ϕ 的设置方法是：在标注样式管理器中，"主单位"标签下的"线性标注"一栏中的"前缀"处，设置前缀为"%%C"。

装配图中的公差配合"ϕ15H7/f6"的标注。通过线性标注命令，调用"多行文字（M）"选项后，显示"文字编辑器"对话框（图 2-11），输入"%%C15H7/f6"。如果后者要用分数形式，按下鼠标左键，拖黑"H7/h6"，单击"堆叠/取消堆叠"按钮。

提示：尖括号< >代表 AutoCAD 自动测量的尺寸数字，可以删除< >，输入新的数值，也可以在< >前面、后面添加其他内容。

（2）标注表面粗糙度。由于 AutoCAD 没有提供用于标注表面粗糙度的命令，用图块和图块属性是标注表面粗糙度的最有效方法，它需要综合运用图块的操作命令。

图 2-11　用文字编辑器对话框输入公差

对于表面粗糙度符号的画法，国标有专门的规定，大小由三角形的高度尺寸 H 和整体高度来控制。为便于以后插入图块时的比例计算以及标注时与字体高度的统一，建块时将 H 定为 5mm，为标准字高 3.5 的 1.4 倍。

【例 2-7】　绘制表面粗糙度符号步骤，如图 2-12 所示。

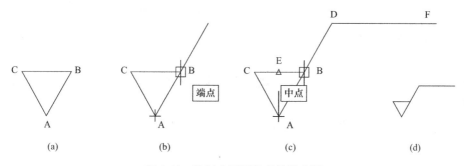

图 2-12　绘制表面粗糙度符号步骤

分析：如果直接画一个正三角形高度为 5 的三角形表面粗糙度符号，需要进行计算。可以先画一个任意大小的正三角形，再用 Scale 将其缩放到所要求的尺寸比较快捷。

1）用正多边形命令，画任意大小的圆内接正三角形。

注意：打开正交工具，移动鼠标，使 BC 边处于水平位置。

2）用分解命令将正三角形分解，复制 AB 边得到 BD，将 BD 边拉长为原来的 1.1 倍。

3）用比例缩放命令，将三角形高度 AE 变为 5mm。

注意：指定比例因子时调用"参照（R）"选项；指定参照长度 <1>：捕捉 A 点；第二点：捕捉 CB 中点 E；指定新长度：5，输入 AE 缩放以后的长度。

画完图 2-12（d）所示的表面粗糙度符号，可在此基础上绘制其他表面粗糙度符号如图 2-13。图 2-12（b）通过点击菜单"绘图"—"圆"—"相切、相切、相切"，画与三角形相切的圆，再删除水平边得到。

绘制好的符号定义为图块后，可以用两种方法输入参数值。

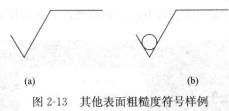

(a)　　　　　　　　　　　(b)

图 2-13　其他表面粗糙度符号样例

(a) 样例 1；(b) 样例 2

第一种方法是插入符号后，用单行文字命令单个输入表面粗糙度值，该方法需要用户每次指定文字的插入点，并要旋转文字的角度。

第二种方法是创建带属性的图块，在插入图块的同时，可以输入表面粗糙度参数值。对经常使用的表面粗糙度符号，定义为带属性的图块进行标注最方便、快捷。

表面粗糙度一般都标注轮廓算术平均偏差 Ra。下面以标注 Ra 为例介绍表面粗糙度的标注方法。

【例 2-8】 定义表面粗糙度图块的属性。

1）单击菜单"绘图—块—定义属性"，显示"属性定义"对话框，如图 2-14 所示。在"属性"区输入各属性值。

2）在"标记"文本框中输入"Ra"，则在表面粗糙度符号上显示标记"Ra"，它代表表面粗糙度值的填写位置，插入带属性的图块时，输入的值将代替该标记。

在"提示"文本框中输入"输入 Ra 值"，则在插入块时，命令行出现提示"输入 Ra 值"。

在"默认"文本框中输入"6.3"，则表面粗糙度默认值为 6.3，提示用户此时可以输入另外的表面粗糙度值。

以上三项分别对应图块的三个属性：标记、提示、默认。

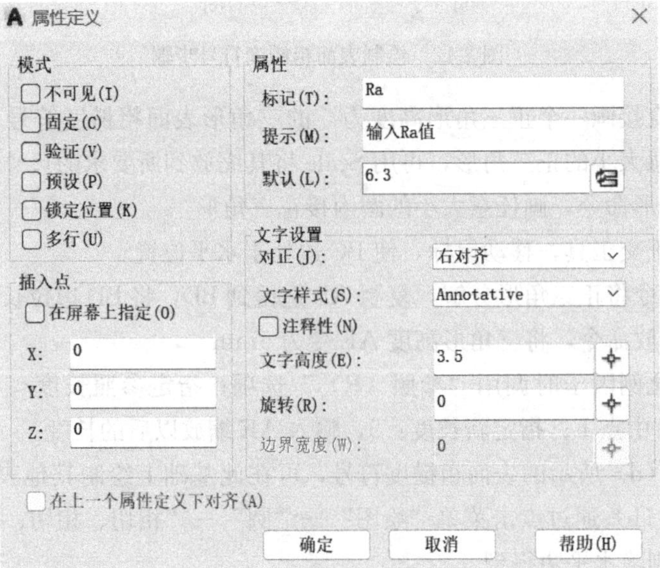

图 2-14　"属性定义"对话框

3）在"文字设置"区设置文字选项。设置文本选项要注意：由于 Ra 数值长度不固定，为避免数字与表面粗糙度符号的长边线相交，应当将数字设置为右对齐。按国标规定，符号高度 $H=5$，数字高度约等于符号高度 H 的 0.7 倍，因而字体高度设定为 3.5。

4）用创建附属块命令（Block）打开"块定义"对话框（图 2-15），用捕捉方式选取符号尖端为拾取点，将符号和属性一起确定为选择对象，即完成带属性的粗糙度符号的块创建，如图 2-16 所示为完全的块属性。

图 2-15 "块定义"对话框

（3）标注形位公差。虽然 AutoCAD 提供了一个专门标注形位公差的命令，但由于形位公差符号都带有引出线，使用该命令还需另外再添加指引线。更快捷的标注方法是直接用快速引线命令同时注出引出线和形位公差。

$\sqrt{Ra3.2}$ $\sqrt{Ra3.2}$

图 2-16 完全的块属性

需要注意的是在命令行提示"指定第一个引线点或［设置(S)］<设置>"时，要回车，打开"引线设置"对话框先进行设置，单击"注释"标签，如图 2-17 所示，选中"公差"选项；如果要对引线、箭头、引线转折形式等进行设置，可通过另一个"引线和箭头"标签进行修改，如图 2-18 所示。

对于形位公差中的基准符号标注，可以参照表面粗糙度的标注方法，定义为图块或带属性的图块，插入到图中。

提示：①绘制基准符号时，横线的宽度约是粗实线宽度的两倍，可用多段线命令直接画成粗实线宽度两倍的直线；连接线和圆都是细实线宽度。②基准符号中字母的字头始终向上，可将符号单独建块，再用单行文字命令输入基准字母，或定义多个带属性的基准符号。

（4）其他标注。零件图中除了上述标注之外，还常常出现其他标注。例如，锥度符号、斜度符号、剖切符号、孔的尺寸简化标注中的深度符号等。如果标注部位较多，则专门将它们绘制出来后建成块，使用时插入比较方便；如果是个别的标注，则无须建块，甚至无须专门绘制，打开包含这些标注的某一图形文件，选中后复制、粘贴过来就行。

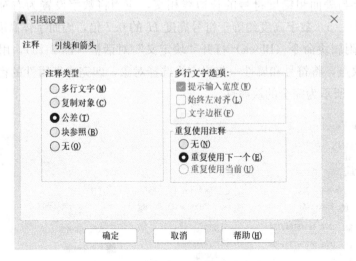

图 2-17 引线设置对话框注释标签

图 2-18 引线设置对话框的引线和箭头标签

提示：剖切符号按照机械图绘制要求应当比粗实线宽，宜用多段线命令绘制。

六、思考题

（1）根据图 1-8 所示轴的零件图，在已有主视图基础上添画其他图形，并应用实验 2 中多个例题的练习结果进行标注，包括线性直径尺寸、形位公差、尺寸公差和粗糙度等（检查、修改后存盘备实验 3 使用）。

（2）根据图 1-18 所示轴承座的零件图，在已有主视图图形基础上添画左视图和 A 向视图，并练习各类标注。

实验3　装配图的绘制

一、概述

装配图是表达机器或部件的图样。在进行装配、调整、检验和维修时都需要装配图。设计新产品、改进原产品时都必须先绘制装配图，再根据装配图画出全部零件图。

装配图包括总装配图和部件装配图，总装配图主要表达机器的全貌、工作原理、各组成部分之间的相对位置、机器总装配图的技术性能等。部件装配图主要表达部件的工作性能、零件之间的配合、连接关系、主要零件的结构、部件装配时的技术要求等。

装配图一般应包括的内容：

（1）一组图形表达出机器或部件的工作原理，零件之间的装配关系和主要结构形状。

（2）必要的尺寸，主要是指与部件或机器有关的规格、装配、安装、外形等方面的尺寸。

（3）技术要求提出与部件或机器有关的性能、装配、检验、实验、使用等方面的要求。

（4）编号和明细栏说明部件或机器的组成情况，如零件的代号、名称、数量、质量和材料等。

（5）标题栏填写图名、图号、设计单位、制图、审核、日期和比例等。

二、实验目的

（1）熟悉装配图的内容和视图表达方法、装配图画法。

（2）掌握装配图的尺寸标注及零件序号、明细栏。

（3）熟悉由零件图拼画装配图的计算机绘图方法。

三、实验要求

（1）学习用零件图拼画装配图的方法和步骤。

（2）根据已有的零件图图形文件学习拼画"轴系结构"的装配图。

（3）学习拼画装配图的其他相关技术。

（4）根据轴系结构装配示意图以及装配图参考图，利用已有图形文件拼画装配图。

四、实验方法及步骤

应用 AutoCAD 等绘图软件绘制装配图，一般有直接画法和拼装画法两种方法。

直接画法：按照手工画装配图的作图顺序，依次绘制各组成零件在装配图中的投影。画图时，为了方便作图，一般将不同的零件画在不同的图层上，以便关闭或冻结某些图层，使图面简化。由于关闭或冻结的图层上的图线不能编辑，所以在进行"移动"等编辑操作前，要先打开、解冻相应的图层。

拼装画法：先画出各个零件的零件图，再将零件图定义为图块文件或附属图块，用拼装图块的方法拼装成装配图。由于直接画法与前面绘制零件图的方法类似，本实验不再涉及，只针对拼装画法进行介绍和练习。

通常，用已绘制好的零件图拼画装配图的步骤如下：

（1）装配图一般比较复杂，与手工画图一样，画图前要先熟悉机器或部件的工作原理，零件的形状，连接关系等，以便确定装配图的表达方案，选择合适的各个视图。

（2）根据视图数量和大小确定图幅，用"样板"新建一文件。用"复制""粘贴"方式，或使用设计中心将图形文件以"插入为块"的方式，将已经绘制好的所有零件图（最好关闭尺寸标注、剖面线图层）的信息传递到当前文件中来。

（3）确定拼装顺序，在装配图中，将一条轴线称为一条装配干线。画装配图要以装配干线为单元进行拼装，当装配图中有多条装配干线时，先拼装主要装配干线，再拼装其他装配干线，相关视图一齐进行。同一装配干线上的零件，按定位关系确定拼装顺序。

（4）根据装配图中各个视图的需要，将零件图中的相应视图分别定义为图块文件或附属图块，或通过"右键"快捷菜单中的"带基点复制"和"粘贴为块"命令，将它们转化为带基点的图形块，以便拼装。

提示：定义图块时必须要选择合适的定位基准，以便插入时辅助定位。

（5）分析零件的遮挡关系，对要拼装的图块进行细化、修改，或边拼装边修改。如果拼装的图形不太复杂，可在拼装之后，确定不再移动各个图块的位置时，把图块分解，统一进行修剪、整理。

提示：由于在装配图中一般不画虚线，画图以前要尽量分析详尽，分清各零件之间的遮挡关系，剪掉被遮挡的图线。

（6）检查错误，修改图形。

检查错误主要包括：

1）查看定位是否正确。查看时，逐个局部放大显示零件的各相接部位，查看定位是否正确。

2）查看修剪结果是否正确。在插入零件的过程中，随着插入图形的逐渐增多，以前被修改过的零件视图，可能又被新插入的零件视图遮挡，这时就需要重新修剪；有时还由于考虑不周或操作失误，也会造成修剪错误。这些都需要仔细检查、周密考虑。

修改插入的零件的视图主要包括：

1）调整零件表达方案。由于零件图和装配图表达的侧重面不同，在两种图样中对同一零件的表达方法不可能完全相同，必要时应当调整某些零件的表达方法，以适应装配图的要求。比如，改变视图中的剖切范围、添加或去除重合断面图等。

2）修改剖面线。画零件图时，一般不会考虑零件在装配图中对剖面线的要求。所以，建块时如果关闭了"剖面线"图层，此时只要按照装配图对剖面线的要求重新填充；如果没关闭图层，将剖面线的填充信息已经带进来，则要注意修改以下位置的剖面线：螺纹连接处的剖面线要调整填充区域，相邻的两个或多个剖到的零件要统筹调整剖面线的间隔或倾斜方向以适应装配图的要求。

3）修改螺纹连接处的图线，根据内、外螺纹及连接段的画法规定，修改各段图线。

4）调整重叠的图线。插入零件以后，会有许多重叠的图线。例如当中心线重叠时，显示或打印的结果将不是中心线而是实线，所以调整很必要。装配图中几乎所有的中心线都要做类似调整，调整的办法可以采用关闭相关图层删除或使用夹点编辑多余图线。

（7）通盘布局、调整视图位置。布置视图要通盘考虑，使各个视图既要充分、合理地利用空间，又要在图面上分布恰当、均匀，还要兼顾尺寸、零件编号、填写技术要求、绘制标题栏和明细表的填写空间。此时，就能充分发挥计算机绘图的优越性，随时调用"移动"命令，反复进行调整。

提示：布置视图前，要打开所有的图层；为保证视图间的对应，移动时打开"正交""对象捕捉""对象追踪"等辅助模式。

（8）标注尺寸和技术要求。标注尺寸和技术要求的方法与零件图相同，只是内容各有侧重。分别用尺寸标注工具条和文字注写（单行或多行）命令来实现。

提示：标注时关闭"剖面线"图层，会给标注带来很大方便。

（9）标注零件序号。

装配图上对每个零件或部件都必须编注序号，并填写明细栏，以便统计零件数量，进行生产的准备工作。同时，在看装配图时，也是根据序号查阅明细栏，以了解零件的主要信息，这样便于读装配图、拆画零件图和图样管理等。

零、部件编号应注意以下几点：

1）序号应标注在图形轮廓线的外边，并将数字填写在指引线的横线上或圆圈内，横线或圆圈及指引线用细实线画出，也可将序号数字写在指引线附近。指引线应从所指零件的可见轮廓线内引出，并在末端画一小圆点（见图2-19）。若在所指部分内不宜画圆点时，可在指引线末端画出指向该部分轮廓的箭头，如图2-20所示。

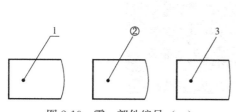

图2-19　零、部件编号（一）

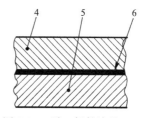

图2-20　零、部件编号（二）

2）指引线尽可能分布均匀，并且不要彼此相交，也不要过长。指引线通过有剖面线的区域时，要尽量不与剖面线平行，必要时可画折线，但只允许画一次，如图2-21所示。同一组紧固件和装配关系清楚的零件组，允许采用公共指引线，如图2-22所示。

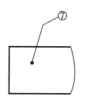

图2-21　指引线

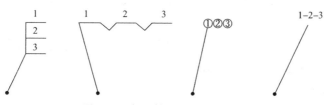

图2-22　紧固件组的公共指引线

3）每种零件在视图上只编一个序号，对同一标准部件（如油杯、滚动轴承、电动机等），在装配图上只编一个序号。

4）序号要沿水平或竖直方向按顺时针或逆时针次序填写，如图 2-39 所示。

5）为使全图美观整齐，在编注零件序号时，应先按一定位置画好横线或圆圈，然后再与零件一一对应，画出指引线。在同一装配图中编注序号的形式应一致。

6）常用的序号编排方法有两种。一种是顺序编号法，即将装配图中所有零件按顺序进行编号。该方法简单明了，适用于零件较少的情况，本章的图例均采用了这种方法。另一种是分类编号法，即将装配图中的所有标准件按其规定标记填写在指引线的横线处，而将非标准件按一定顺序编号。

绘制序号步骤如下：

用多重引线（Mleader）命令绘制序号。绘制前设定样式（Mleaderstyle），设置内容如下，在图 2-23 所示的对话框中选中"Standard"样式，点击【修改（M）】；在图 2-24 所示的对话框中将箭头符号改成小点；在图 2-25 所示的对话框中将【设置基线距离】设为 3；在图 2-26 所示的对话框中，将【文字高度】设为 7，左右"连接位置"都设置成"最后一行加下划线"。

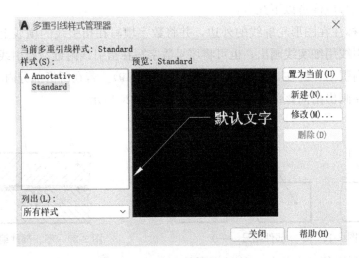

图 2-23 多重引线样式管理器

（10）填写标题栏和明细表。

明细栏是机器或部件中全部零、部件的详细目录，应画在标题栏的上方，零、部件的序号应自下而上填写。位置不够时，可将明细栏分段画在标题栏的左方。当明细栏不能配置在标题栏的上方时，可作为装配图的续页，按 A4 幅面单独绘制，其填写顺序应自上而下。

2005 版本之前版本的 AutoCAD 还需调用绘图命令画出表格，而当前版本 AutoCAD 的表格功能可以自动生成表格，非常方便。

绘制明细栏步骤如下：

设置表格样式。

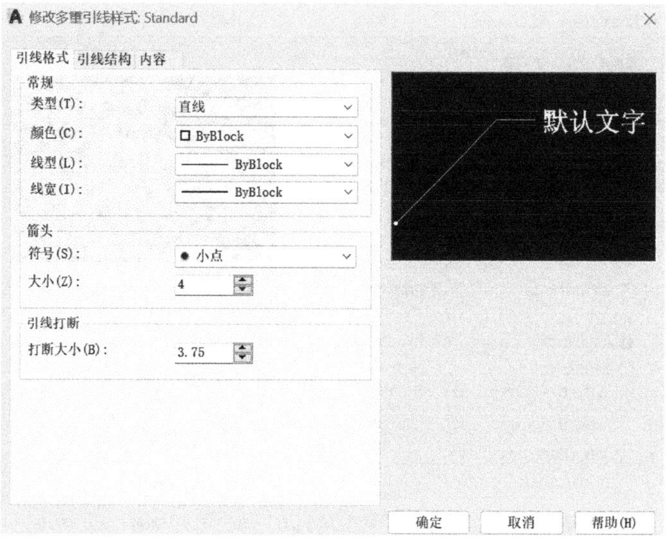

图 2-24　修改引线格式

图 2-25　修改引线结构

菜单栏：【格式】→【表格样式】命令。

功能区：【注释】选项卡→【表格】面板→【表格样式】按钮。

选择如上任意一种方式调用【表格格式】命令均可打开图 2-27 所示【表格样式】对话框，AutoCAD 默认提供的表格样式如图 2-28 所示。

在【表格样式】对话框【样式】列表中显示的是系统默认的表格样式，该样式可以在【预览】框中查看。具体说明可以对照图 2-28。

【例 2-9】　建立明细栏表格。

1）单击【表格样式】对话框中的【新建】按钮，在弹出的【创建新的表格样式】对话框中修改【新样式名】为"明细栏"，如图 2-29 所示，单击【继续】按钮。

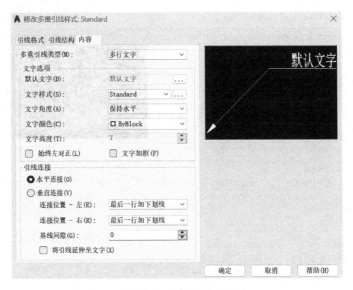

图 2-26　修改引线内容

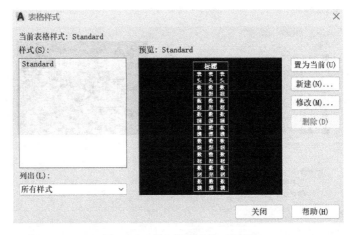

图 2-27　【表格样式】对话框

标题		
表头	表头	表头
数据	数据	数据
数据	数据	数据
数据	数据	数据
数据	数据	数据
数据	数据	数据
数据	数据	数据
数据	数据	数据
数据	数据	数据
数据	数据	数据

图 2-28　表格

2）系统自动打开【新建表格样式】对话框，如图 2-30 所示。【单元样式】下拉列表中有【标题】【表头】【数据】三个选项。选择一个选项，接着在下面的【常规】【文字】【边框】选项卡中设置参数。

在【单元样式】下拉列表中选择【数据】选项，在【文字】选项卡中选择【文字样式】为【工程字】，【文字高度】为 5，在【边框】选项卡中设置内部框线的【线宽】为 0.25，左边界和右边界的【线宽】为 0.5。在【边框】选项中，也可以先设置【线宽】为 0.25，接着单击【内部边界】按钮⊞设置内部框线的线宽；设置【线宽】为 0.5，接着单击【左边界】按钮和【右边界】按钮设置左、右边框的线宽；或者单击【外部边界】按钮□设置外边框线宽。

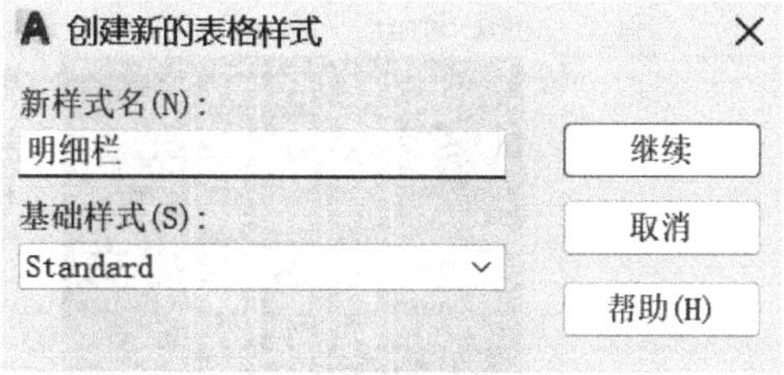

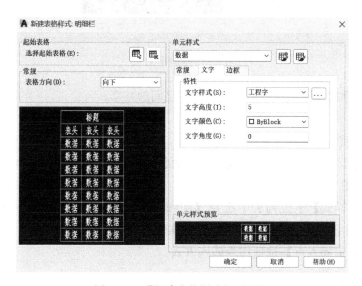

图 2-29　【创建新的表格样式】对话框

图 2-30　【新建表格样式】对话框

在【单元样式】下拉列表中选择【表头】，将【文字样式】选择为【工程字】，【文字高度】设置为 5，设置内部框线的【线宽】为 0.5，外部框线的【线宽】为 0.5。

3）使用【表格方向】下拉列表改变表的方向。若选择【向下】选项，则创建由上而下读取的表，标题和列标题位于表的顶部。若选择【向上】选项，则创建由下而上读取的表，标题和列标题位于表的底部。由于明细栏是从下向上绘制的，因此选择【向上】选项。

4）使用【常规】选项卡【页边距】选项组控制单元格边界和单元格内容之间的间距，即修改数据和表头的设置。若选择【水平】选项，则需设置单元格中的文字或块与左、右单元格边界之间的距离，本例使用默认值。若选择【垂直】选项，则需设置单元格中的文字或块与上、下单元格边界之间的距离，本例修改为 0.5。

提示：本例表格标题不做设置，在插入表格时应删掉标题行，因为明细栏没有该行。

5）设置完毕单击【确定】按钮回到【表格样式】对话框，此时在【样式】列表中会出现刚定义的表格样式，如图 2-31 所示。可以在【样式】列表中选择样式，单击【置为当前】按钮把选择的样式置为当前样式。如果要修改样式，可以单击【修改】按钮。

6）定义好表格样式后，单击【关闭】按钮关闭对话框。

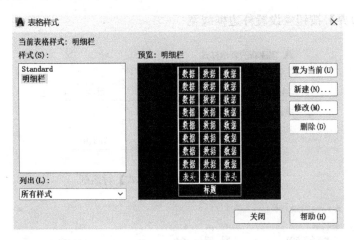

图 2-31　明细栏样式

提示：表格样式可以在设计中心进行文件之间的共享。

创建表格。

【例 2-10】　插入明细栏表格。

1）单击功能区【注释】选项卡【表格】面板上的【表格】按钮 ⊞ 表格，弹出的【插入表格】对话框如图 2-32 所示。

2）从【表格样式】下拉列表中选择【明细栏】表格样式。若未创建所需表格样式，则应单击对话框中的 按钮创建一个新的表格样式。

3）选择【指定插入点】选项作为插入方式。

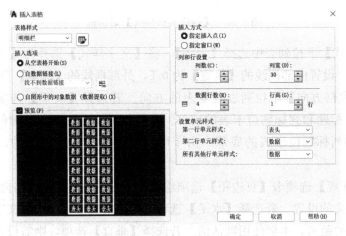

图 2-32　【插入表格】对话框

提示：如果【表格样式】所选样式的【表格方向】为【向上】（由下而上）读取，则插入点应位于表格的左下角。

1）设置列数和列宽，本例设置【列数】为 5，【列宽】为 30。

2）设置行数和行高，本例设置【数据行数】为 4，【行高】为 1 行。

提示：按照文字行高指定表的行高。文字行高基于文字高度和单元边距，这两项均在

【新建表格样式】或【修改表格样式】对话框中设置。选择【指定窗口】选项并指定行数时，行高为【自动】选项，这时行高由表的高度控制。

3）在【设置单元格式】选项组中，将【第一行单元格式】选择为表头，【第二行单元格式】选择为数据。

4）单击【确定】按钮，系统提示输入表格的插入点，指定插入点后，第一个单元格显示为可编辑线框状态，显示【文字格式】工具栏时可以开始输入文字，如图 2-33 所示。单元格的行高会加大以适应输入文字的行数。要移动到下一个单元格，可按<Tab>键或者按键盘上的箭头键向左、向右、向上和向下移动。

提示：如果表格中的中文不能正常显示，可选择【格式】→【文字样式】菜单命令修改当前文字样式使用的字体。

5				
4				
3				
2				
1				
序号	名称	数量	材料	备注

图 2-33　输入内容

提示：双击任意一个单元格，都会出现文字编辑器。使用文字编辑器可以在单元格中格式化文字、输入文字或对文字进行其他修改。

修改表格。

1）整个表格修改

可以单击表格上的任意框线以选中该表格，然后使用【特性】选项板或夹点来修改该表格，各夹点的作用如图 2-34 所示，表格的【特性】选项板如图 2-35 所示。

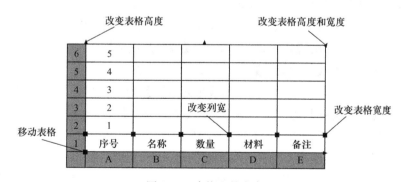

图 2-34　表格上的夹点

2）修改单元格

在单元格内单击以选中该单元格，单元格边框的中央将显示夹点。拖动单元格上的夹点可以使单元格及其列或行更宽或更小。可按住<Shift>键选择多个单元格。对于一个或多个选中的单元格，可以单击鼠标右键，然后使用图 2-36 所示快捷菜单中的选项来插入或删除列或行、合并相邻单元格或者进行其他修改。

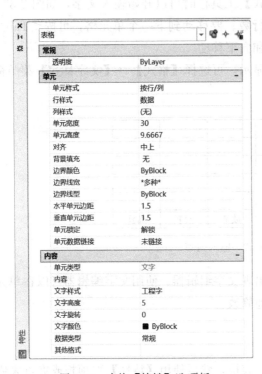

图 2-35　表格【特性】选项板　　　　　　图 2-36　快捷菜单

【例 2-11】　按图 2-37 所示尺寸编辑明细栏。

1）编辑如图 2-34 所示的不完善明细栏，选中"序号"列，单击鼠标右键，在快捷菜单中选择【特性】选项，出现如图 2-35 所示的【特性】选项板。

2）修改"序号"列【单元宽度】为 12，【单元高度】为 8。

3）继续选择其他列，修改"名称"列【单元宽度】为 58、"数量"列【单元宽度】为 12、"材料"列【单元宽度】为 30、"备注"列【单元宽度】为 28。

4）编辑完毕的标题栏及明细栏如图 2-37 所示。

提示：可以将完成的表格复制到【工具】选项板上，到使用时拖出即可，这样可以保证表格单元格的尺寸不变，但不保留单元格中的文字。另外可将表格保存为图块，插入块后，将块分解后就可以添加新内容了。

【例 2-12】　应用已绘制完成的轴、齿轮、轴承端盖、轴承闷盖、轴套的零件图（图 2-38），按照图 2-39 拼画出轴系结构的装配图。

要求：图幅为 A2，比例 1：1（按尺寸绘图）。

分析：该装配体零件较少，装配图的表达方案也已固定且能够直接应用各个零件的相应视图，所以直接建块拼装就行。

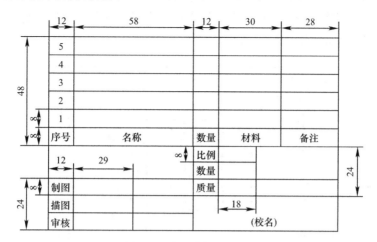

图 2-37　标题栏及明细栏

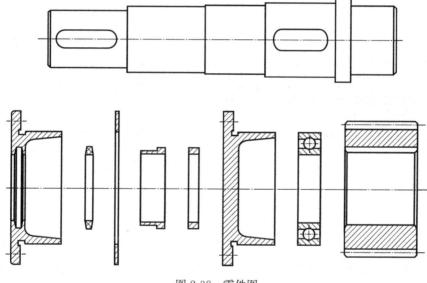

图 2-38　零件图

参考步骤：

1）用 New 命令，采用"样板"方式从样板库中选择自己已经建好的"A2 样板"文件新建一张图。

2）用保存命令指定路径保存该图，图名为"轴系结构装配图"。

3）设文字图层为当前层，绘制明细表格并填写标题栏。

4）将轴、齿轮、轴承端盖、轴承闷盖、轴套的零件图打开，分别关闭"剖面线"和"尺寸"图层，将各图形中的实体选中复制，切换到"轴系结构装配图"文件，用"粘贴"命令，粘贴到图形边框的外围。

5）根据明细表中调整垫片、深沟球轴承、毡圈油封等标准件的标记，按照装配图需要画出其相关视图备用。

6）根据图 2-39 装配图的主视图，分别将轴、齿轮、轴承端盖、轴承闷盖、轴套的零件图中的各个主视图确定合适的插入点，使用右键快捷菜单中"带基点复制"和"粘贴为块"命令形成图形块放入图框内，如图 2-39 所示。

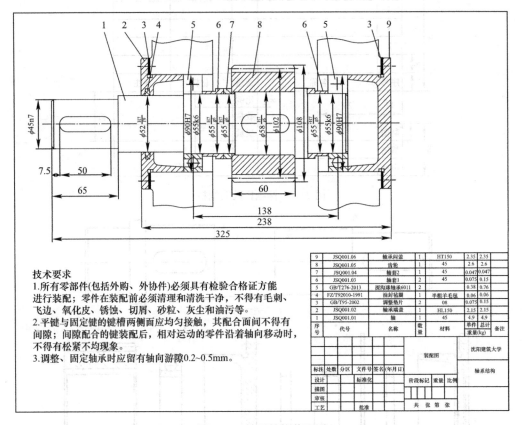

技术要求

1.所有零部件(包括外购、外协件)必须具有检验合格证方能进行装配；零件在装配前必须清理和清洗干净，不得有毛刺、飞边、氧化皮、锈蚀、切屑、砂粒、灰尘和油污等。

2.平键与固定键的键槽两侧面应均匀接触，其配合面间不得有间隙；间隙配合的键装配后，相对运动的零件沿着轴向移动时，不得有松紧不均现象。

3.调整、固定轴承时应留有轴向游隙0.2~0.5mm。

9	JSQ001.06	轴承闷盖	1	HT150	2.35	2.35	
8	JSQ001.05	齿轮	1	45	2.6	2.6	
7	JSQ001.04	轴套2	1	45	0.047	0.047	
6	JSQ001.03	轴套1	2	45	0.075	0.15	
5	GB/T276-2013	深沟球轴承6011	2		0.38	0.76	
4	FZ/T92010-1991	油封毡圈	1	半粗羊毛毡	0.06	0.06	
3	GB/T95-2002	调整垫片	2	08	0.075	0.15	
2	JSQ001.02	轴承端盖	1	HL150	2.15	2.15	
1	JSQ001.01	轴	1	45	4.9	4.9	
序号	代号	名称	数量	材料	单件 总计 重量(kg)		备注

						装配图	沈阳建筑大学
标注	处数	分区	文件号	签名(年月日)			轴系结构
设计			标准化		阶段标记	重量	比例
描图							
审核							
工艺			批准				共 张 第 张

图 2-39 轴系结构装配图

提示：带基点复制，基点要选插入图形块时起定位作用的关键点，以便插装时定位。

说明：本例零件较少，故全部复制粘贴到当前文件中，通过"带基点复制"和"粘贴为块"建立图形块，非常方便，如果建成图块文件或用建块命令命名图块就太没必要。对其他复杂部件，要根据图形复杂与否及零件的多少，确定合适的建块方式。

7）将轴承闷盖图形块旋转 180°与轴拼装；同样将轴承端盖、毡圈油封、调整垫片、轴套、轴承、齿轮以图形块形式拼装进来。

8）分解相关的图形块，修剪掉被遮挡的图线，修改插入位置，删除多余的图线，整理好几个图形。

9）移动图形，并留足标注尺寸和序号的地方，使布局匀称、合理。

10）设尺寸标注图层为当前图层，标注必要尺寸。

11）设剖面线图层为当前图层。用"用户定义"方式统一分别填充各零件的剖面线。

12）设文字图层为当前图层，绘制零件序号；填写明细表；注写图中其他文字。

提示：画零件序号先画所有横线，再画各引线，再画引线末端圆点，最后注写编号。

13）用 Purge 命令清理图形文件，检查、修正、存盘，完成绘制。

五、思考题

（1）装配图的作用有哪些？

（2）装配图有哪些特殊画法？

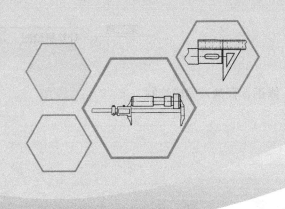

第三章　线性尺寸测量

实验1　用机械式比较仪测量塞规直径

一、概述

零件尺寸测量常采用绝对测量法和相对（比较）测量法。

绝对测量法：在计量器具的示数装置上可表示出被测量的全值。例如，用测长仪测量零件轴径的大小，如图 3-1 所示。

相对测量法：也叫作比较测量法，在计量器具的示数装置上只表示出被测量相对已知标准量的偏差值，通过被测参数与某个标准量（校准件）进行比较，从而得出被测参数相对于标准量的偏差值，由于标准量是已知的，因此，被测参数的整个量值等于偏差值与标准量的简单代数和，标准量定准，被测参数的整个量值就可以很便捷测出。

如图 3-2 所示的用杠杆齿轮式比较仪测量轴径，先用与轴径公称尺寸相等的量块（或

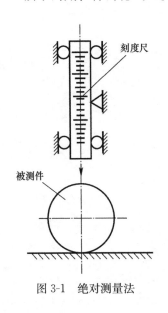

图 3-1　绝对测量法

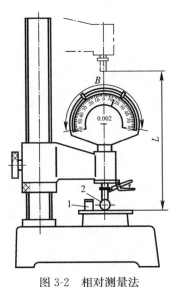

图 3-2　相对测量法

1—量块；2—工件

标准件）调整比较仪的零位，然后再换上被测件，比较仪指针所指示的示值是被测件相对于标准件的偏差，因而轴径的尺寸就等于标准件的尺寸与比较仪示值的代数和。

一般来说，相对测量的精度比绝对测量精度高。

二、实验目的

（1）了解机械式比较仪的测量原理。
（2）掌握用机械式比较仪测量外径的方法。

三、实验内容

用机械式比较仪测量工件的外径。

四、实验设备

机械式比较仪，分度值为 0.001mm，标尺示值范围为 ±0.1mm，可用于测量工件的尺寸及形位误差，也可作为测量装置的读数元件。

五、测量原理

机械式比较仪结构如图 3-3 所示，其工作原理如图 3-4 所示。在图 3-4 中，当测量杆 1 有微小直线位移时，杠杆短臂 2 和扇形齿轮 3 一起转动，扇形齿轮 3 又带动轴齿轮 4 和指针 6 一起转动，并可在刻度盘 5 上指示出相应的数值。

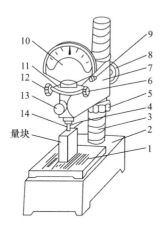

图 3-3　机械式比较仪结构示意图

1—工作台；2—底座；3—立柱；4—拨叉；5—横臂升降螺母；6—偏心手轮；7—横臂；8—横臂锁紧螺钉；9—标尺微调螺钉；10—指示表；11—微调框架；12、13—锁紧螺钉；14—测头

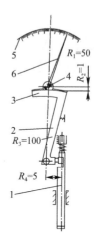

图 3-4　机械式比较仪工作原理

1—测量杆；2—杠杆短臂；3—扇形齿轮；4—轴齿轮；5—刻度盘；6—指针

六、实验步骤

1. 测头的选择

根据被测零件表面的几何形状来选择测头，使测头与被测表面尽量满足点接触。

2. 按被测工件外径的基本尺寸组合量块

3. 调整仪器零位（图3-3）

（1）将量块组置于工作台 1 的中央，并使仪器测头 14 对准量块测量面的中央。

（2）粗调节：松开横臂锁紧螺钉 8，转动横臂升降螺母 5，使横臂 7 缓慢下降，直到测头 14 与量块上测量面轻微接触，将横臂锁紧螺钉 8 锁紧。

（3）细调节：松开锁紧螺钉 12，转动偏心手轮 6，使比较仪指针指近刻度盘零位。然后拧紧锁紧螺钉 12。

（4）微调节：转动标尺微调螺钉 9，使指针与刻度盘零位重合，然后压下测头拨叉 4 数次，使零位稳定。

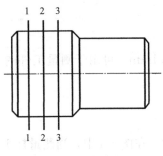

图 3-5　测点分布图

4. 测量工件

按住拨叉 4 将测头抬起，取下量块，放上被测塞规，在塞规头部最左、中间和最右选三个截面 1、2、3，在每个截面上测相互垂直的两个直径，见图 3-5，读指针摆动拐点的最大值，读数时注意刻度盘的正、负号。

5. 合格性判断

从国家有关公差标准中查出公差值，计算工件的极限尺寸，判断工件的合格性。

七、思考题

（1）用机械式比较仪测量外径属于什么测量方法？

（2）仪器的测量范围和刻度尺的示值范围有何不同？

实验2　用内径百分表测量轴套内径

一、概述

轴套是旋转机械中的重要部件，测量轴套尺寸是进行轴套安装和维修的重要环节。轴套尺寸的测量需要使用专门的测量工具，包括卡式外径测量仪、游标卡尺、内径千分尺、内径百分表等。其中前三种量具的测量方法属于绝对测量法，内径百分表的测量方法属于相对测量法。

测量工具的选择和使用：

卡式外径测量仪：测量轴套外径时使用，测量精度高，适用于精密加工。

游标卡尺：测量轴套外径和长度，适用于简单工件和中等精度测量。

内径千分尺：测量轴套内径时使用，需要将测量头插入轴套内部进行测量。

使用测量工具时，应注意正确的使用方法和测量顺序，以保证测量精度和避免误差。

内径百分表：测量被测件内径是否在尺寸公差要求范围内时使用，测量时，用与内径公称尺寸相等的标准件，或者将外径千分尺调整到内径公称尺寸，根据标准件或者外径千分尺调整内径百分表的零位，然后再将内径百分表插入被测件，内径百分表指针所指示的示值是被测件相对于标准件的偏差。

二、实验目的

（1）熟悉测量内径常用的计量器具和方法。

（2）掌握内径百分表的调零及测量方法。

三、实验内容

用内径百分表测量轴套内径。

四、实验设备

内径百分表由活动测头工作行程不同的七种规格组成一套，用以测量 10～450mm 的内径，特别适用于测量深孔，其典型结构如图 3-6 所示。

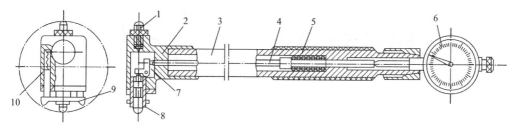

图 3-6　内径百分表典型结构

1—可换测头；2—表架头；3—表架套杆；4—传动杆；5—测力弹簧；6—百分表；

7—杠杆；8—活动测头；9—定位装置；10—定位弹簧

五、测量原理

内径百分表是用它的可换测头 1（测量中固定不动）和活动测头 8 与被测孔壁接触进行测量的。仪器盒内有几个长短不同的可换测头，使用时可按被测尺寸的大小来选择。测量时，活动测头 8 受到一定的压力，向内推动镶在等臂直角杠杆 7 上的钢球，使杠杆 7 绕支轴回转，并通过传动杆 4 推动百分表的测杆而进行读数。

六、实验步骤

（1）按被测孔的基本尺寸组合量块。换上相应的可换测头并拧入仪器的相应螺纹孔内。

（2）组装标准尺寸卡规，如图 3-7（a）所示将量块组 3 和专用量爪 2 一起放入量块夹 4 内夹紧，构成标准内尺寸卡规。在大批量生产中，也常按照与被测孔径基本尺寸相同的标准环的实际尺寸对准仪器的零位。

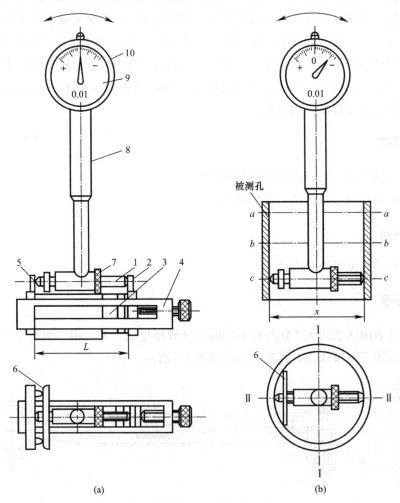

(a)　　　　　　　　　　(b)

图 3-7　内径百分表测量孔径

1—可换测头；2—量爪；3—量块组；4—量块夹；5—活动测头；6—定心板；

7—可换测头锁紧螺母；8—隔热手柄；9—指示表；10—滚花环

（3）根据被测孔径尺寸，选择固定测头，装在内径百分表内。

（4）将仪器对好零位用手拿着隔热手柄 8，另一只手的食指和中指轻轻压按定心板 6，将活动测头 5 压靠在量块组 3 上（或标准环内）使活动测头内缩，以保证放入可换测头时不与量块（或标准环内壁）摩擦而避免磨损。然后，松开定心板和活动测头，使可换测头 1 与量块接触，就可在垂直和水平两个方向上摆动内径百分表找最小值。反复摆动几次，并相应地旋转表盘，使百分表的零刻度正好对准示值变化的最小值。零位对好后，用手指轻压弦板使活动测头内缩，当可换测头脱离接触时，缓缓地将内径百分表从量块（或标准环）内取出。

（5）进行测量。将内径百分表插入被测孔中，如图 3-7（b）所示，轻轻摆动仪器，找其转折位置，记下指示表读数（注意"＋""－"），即为该处的孔径实际尺寸与标准尺寸的偏差。沿被测孔的轴线方向测几个截面，每个截面要在相互垂直的两个部位上各测一次。根据测量结果和被测孔的公差要求，判断被测孔是否合格。

七、思考题

（1）在测量时为何要在摆动内径指示表时对零和读数，指针转折点是最小值还是最大值，为什么？

（2）试分析用内径百分表测量孔径有哪些测量误差？

⚙ 实验3　用立式光学计测量轴承外径

一、概述

轴承是机械设备的重要零部件，其内外径尺寸是轴承的重要参数。准确地测量出轴承的内外径尺寸，有利于把控轴承产品质量，并增加产品的附加值。传统人工测量轴承外径尺寸的方法分为绝对测量法和相对测量法，绝对测量法可采用千分尺、外径卡尺、三点测量仪等进行测量，相对测量法需要借助机械式、光学式的测量仪器进行测量。

测量工具的选择和使用：

千分尺：千分尺是一种精度较高的测量工具，可以用于测量轴承外径尺寸。具体操作方法如下：准备好千分尺，将零位与刻度盘调零；将轴承置于安全的平面上，并清洁干净，以确保测量的准确性；将千分尺的杠杆规平行于轴承外环，并轻轻按压杠杆，将轴承外径尺寸读取出来。注意事项：使用千分尺测量时，必须要保证千分尺的精度稳定，同时轴承外环表面也不能有凹陷或磨损等影响测量正常进行的因素。

外径卡尺：外径卡尺是一种专业用于测量轴承外径尺寸的工具，可提供比千分尺更高的精确度。具体操作方法如下：准备好外径卡尺，并将测头贴合轴承外环；读取外径卡尺上的刻度值，以获得轴承外径尺寸。注意事项：使用外径卡尺进行测量时，需要注意测头和轴承外环之间的垂直度，同时需要保证测量时不会造成轴承表面的划痕或其他损伤。

三点测量仪：三点测量仪是一种可精确测量轴承外径尺寸的工具，它可以提供极高的精确度。具体操作方法如下：准备好三点测量仪，并将测头放置在轴承外环上；调整三点测量仪，使测头的三个点完全接触轴承表面，并平均受力；读取三点测量仪上的测量值，并记录下来。注意事项：测量时，需要保证轴承外环表面无凹陷、疤痕等影响测量的因素，同时三点测量仪的测头要与轴承外环的表面平行。

立式光学计：测量轴承外径是否在尺寸公差要求范围内时使用，先用与轴承外径公称尺寸相等的量块（或标准件）调整立式光学计的零位，然后再换上被测轴承，光学计目镜中所指示的示值是被测件相对于标准件的偏差。注意事项：需要注意测头和轴承外环之间的垂直度，同时需要保证测量时不会造成轴承表面的划痕或其他损伤。

二、实验目的

（1）了解立式光学计的结构，掌握立式光学计的测量原理与操作方法。

（2）掌握用立式光学计测量外径的方法。

（3）加深理解计量器具与测量方法的常用术语。

三、实验内容

用立式光学计测量轴承外径。

四、实验设备

立式光学计是一种精度较高而结构简单的常用光学量仪。用量块作为长度基准，按照比较测量法来测量各种工件的外尺寸。常用的立式光学计有目镜式、数字式和投影式，它们的主要差别在读数方式上。虽然其外形有差别，但原理是相同的。本实验以目镜式立式光学计为例介绍其结构和使用方法。

测量时，先用量块组合成被测量尺寸的公称尺寸作为长度基准，然后对立式光学计调零，按照比较测量法来测量被测工件相对于公称尺寸的偏差，从而计算出被测工件的实际尺寸。

立式光学计基本度量指标见表 3-1，外形见图 3-8。

立式光学计基本度量指标	表 3-1
分度值	0.001mm
示值范围	±0.1mm
测量范围	0～180mm
仪器不确定度	±0.25 μm

五、测量原理

立式光学计的测量原理是由光学自准直原理和机械的正切放大原理组合而成的。它的整个光学系统和测量部件都装在直角光管内，它是立式光学计的主要组成部分。直角光管由自准直望远镜系统和正切杠杆机构组合而成，其光路系统如图 3-9 所示。光线经反射镜

图 3-8　立式光学计

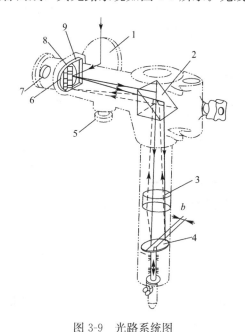

图 3-9　光路系统图

1—反射镜；2—直角转向棱镜；3—物镜；4—平面反射镜；

5—微调螺旋；6—分划板；7—目镜；8—刻线尺；9—棱镜

1、棱镜 9 投射到分划板 6 上的刻线尺 8 （它位于分划板左半部分），而分划板 6 位于物镜 3 的焦平面上。当刻线尺 8 被照亮后，从刻线尺发出的光束经直角转向棱镜 2、物镜 3 后形成平行光束，投射到平面反射镜 4 上。光束从平面反射镜 4 上反射回来后，在分划板 6 右半部分形成刻线尺 8 的影像，如图 3-10 所示。从目镜 7 可以观察到该影像和一条固定指示线。刻线尺中部有一条零刻线。它的两侧各有 100 条均布的刻线，它们之间构成 200 格刻度间距。零刻线与指标线处于同一高度位置上。

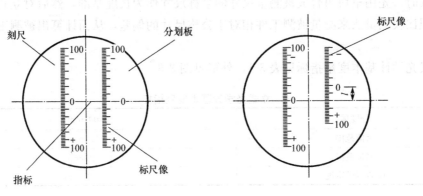

图 3-10　分划板

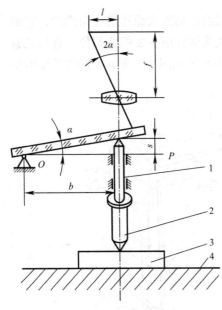

图 3-11　正切放大原理图
1—测杆；2—测头；3—工件；4—工作台

当平面镜垂直于物镜主光轴时（通过调节仪器，使测头到工作台的距离等于基本尺寸时正好平面镜垂直主光轴），这束平行光束经平面镜反射，反射光线按原路返回。在分划板上生成的刻度尺的像与刻度尺本身左右对称，此时，在目镜中的读数为零。

当平面镜与主光轴的垂直方向成一个角度 α 时（被测工件与基本尺寸的偏差 s 使平面镜绕支点转动），如图 3-11 所示，这束平行光束经平面镜反射，反射光束与入射光束成 2α，经物镜和直角棱镜在分划板上生成的刻度尺的像就相对于刻度尺本身上下移动了距离 l。

在图 3-11 中可以看出：$s=b\times\tan\alpha$，$l=f\times\tan2\alpha$，因为 α 很小，所以 $\tan\alpha\approx\alpha$，$\tan2\alpha\approx2\alpha$，即 $s=b\times\alpha$，$l=f\times2\alpha$，因此放大倍数 $K=l/s=2f/b$。一般光学计物镜焦距 $f=200\text{mm}$，$b=$ 5mm，所以 $K=400/5=80$，用 12 倍目镜观察时，标尺像又放大 12 倍，因此总放大倍数为：$K'=12\times80=960$。

因此说明，当偏差 $s=1\mu\text{m}$，在目镜中可看到 0.96mm 的位移量，大约 1mm，即立式光学计的刻线间距约为 1mm。

六、实验步骤

1. 测头的选择

立式光学计的测头有三种：球面形、平面形和刀口形。使用时要根据被测零件表面的几何形状来选择，以使测头与被测表面尽可能满足点接触。比如，如果测量的是平面或圆柱面，就选用球面形测头；如果测量的是球面，就选用平面形测头；而在测量小于10mm的圆柱面时，常常选用刀口形测头。测量时要使刀口与轴线互相垂直。

2. 按照被测工件的基本尺寸组合量块

量块的测量面很光滑，用肉眼就可以很容易地和非测量面相区分。测量面又分上测量面和下测量面：当量块的公称尺寸小于等于5.5mm时，有数字的一面就是上测量面；当尺寸大于等于6mm时，刻有数字的表面的右侧面为上测量面。将所有量块的上测量面朝上，先使不同的两个量块的上、下测量面重叠一部分，然后用手指加少许压力逐渐推入，使两个量块的上、下测量面完全重叠并研合在一起。

3. 接通电源，调整工作台

调整后要使工作台与测杆方向垂直（实验前，应由实验老师调整好；实验时，禁止学生拧动工作台调整旋钮）。接通电源后，缓慢地拨动测头提升杠杆，在分划板上能看到清晰的刻度尺像。

4. 检查细、微调旋钮是否在调节范围中间

如图3-12为立式光学计部件示意图，调节微调旋钮10使其上的红点与光管上的红点对齐。松开光管紧固螺钉11，调节光管凸轮旋钮细调旋钮6使其上的红点向下，然后再紧固光管紧固螺钉11。若仪器上无红点，应先调微调旋钮10或细调旋钮6确定其调整范围，然后把微调旋钮10和细调旋钮6调到调整范围中间，紧固光管紧固螺钉11。

5. 利用基本尺寸对立式光学计调零

（1）粗调：松开支臂紧固螺钉4，转动横臂升降螺圈3升起支臂，将第2步中按被测轴的基本尺寸组合的量块组放在工作台的中央，并使测头对准上测量面的中心点（对角线交点）。转动横臂升降螺圈3，使支臂缓慢下降，直到其和测量面轻微接触，并能在视场中清晰地看到刻度尺的像时，将支臂紧固螺钉4锁紧。

（2）细调：松开光管紧固螺钉11，转动细调旋钮6，直至在目镜中观察到刻度尺像与μ指标线接近为止，然后将光管紧固螺钉11锁紧。

（3）微调：转动刻度尺细调旋钮6，使刻度

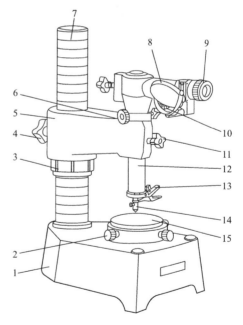

图3-12　立式光学计部件示意图

1—底座；2—工作台调整螺钉；3—横臂升降螺圈；4—支臂紧固螺钉；5—横臂；6—细调旋钮；7—立柱；8—进光反射镜；9—目镜；10—微调旋钮；11—光管紧固螺钉；12—光管；13—测杆提升器；14—测杆及测头；15—工作台

尺的零线影像与 μ 指标线重合，然后按测杆提升器 13 数次，看零位是否稳定，如果稳定就可以测量。否则，要检查是否有该锁紧的位置没有锁紧，找到原因重新调零。

6. 测量被测件

按住测杆提升器 13 将测头抬起，取下量块，放上被测的轴承，在轴承径向方向共测 3 个方向（转 60°测一次），每次测量时在轴线的垂直方向上前后移动，读拐点的最大值，读数时注意标尺的正、负号。

7. 复校零位

测量完毕，要复校零位，即测完后将量块重新放回第 5 步中原来的位置，复校零位偏移量，若差值超过半格应重测。对本仪器，偏移量不得超过 $\pm0.5\,\mu m$，否则，要找出原因并重测。

8. 断开电源，整理仪器

清洗量块、量仪和被测轴承，整理现场。

9. 填写实验报告

七、思考题

(1) 用立式光学比较仪测量轴承外径属于何种测量方法，它有何特点？该量仪能否用于绝对测量？

(2) 什么是量仪的刻度间距和分度值？量仪的测量范围和示值范围有何不同？

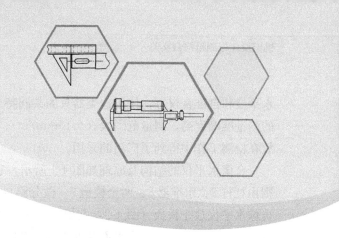

第四章　几何误差测量

 实验1　直线度误差测量

一、概述

零件在加工过程中由于受各种因素的影响，零件的几何要素不可避免地会产生形状误差和位置误差，称为几何误差，它们对产品的寿命和使用性能有很大的影响。几何误差越大，零件的几何参数的精度越低，其质量也越差。为了保证零件的互换性和使用要求，有必要对零件规定几何公差，用以限制几何误差。

直线度误差就是被测实际直线对理想直线的变动量。直线度误差的检测方法很多。当工件较小时，常以刀口尺、检验平尺、精密导轨或平板等作为模拟理想直线，用光隙法或测微仪法确定提取（实际）要素的直线度误差。当工件较大时，则常按国家标准规定的测量坐标值原则进行测量，取得一组数据，经作图法或计算法得到直线度误差。

二、实验目的

（1）掌握用水平仪测量直线度误差的方法及数据处理。
（2）加深对直线度误差定义的理解。

三、实验内容

用合像水平仪测量直线度误差。

四、实验设备

合像水平仪、桥板。

五、测量原理

对于机床、仪器导轨或其他窄而长的平面，为了控制其直线度误差，常在给定平面（垂直平面、水平平面）内进行检测。常用的计量器具有框式水平仪、合像水平仪、电子水平仪和自准直仪等,使用这类器具的共同特点是测定微小角度的变化。由于合像水平仪的测量准确度高、测量范围大(±10mm/m)、测量效率高、价格便宜、携带方便等优点,故在检测工作中得到了广泛的采用。

合像水平仪的结构及原理如图 4-1 所示,它由底板 1 和壳体 4 组成外壳基体,其内部则由杠杆 2、水准器 8、两个棱镜 7、微分筒 9、螺杆 10 以及放大镜 6、11 组成。使用时将合像水平仪放于桥板(图 4-2)上相对不动,再将桥板放于被测表面上。如果被测表面无直线度误差,并与自然水平面基准平行,此时水准器的气泡位于两棱镜的中间位置,气泡边缘通过合像棱镜 7 所产生的影像,在放大镜 6 中观察将出现如图 4-1(b)所示的情况,但在实际测量中,由于被测表面安放位置不理想和被测表面本身不直,导致气泡移动,其视场情况将如图 4-1(c)所示。此时可转动测微螺杆 10,使水准器 8 转动一角度,从而使气泡返回棱镜组 7 的中间位置,则图 4-1(c)中两影像的错移量 Δ 消失而恢复成一个光滑的半圆头〔图 4-1(b)〕。测微螺杆移动量 s 导致水准器的转角 α_i〔图 4-1(d)〕与被测表面相邻两点的高低差 h_i 有确切的对应关系,即:

$$h_i = \tau L \alpha_i \tag{4-1}$$

式中　τ——水平仪的分度值,mm/m;

　　　L——桥板节距,mm;

　　　α_i——角度读数值,用格数来计算。

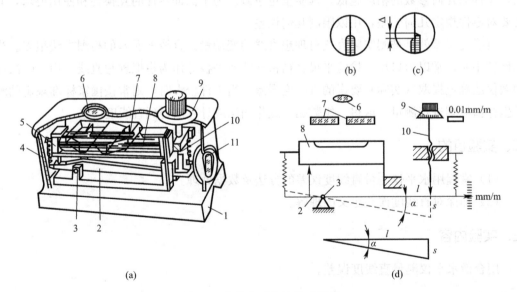

图 4-1　合像水平仪结构及原理

1—底板;2—杠杆;3—支轴;4—壳体;5—(水准器)支架;

6、11—放大镜;7—棱镜;8—水准器;9—微分筒;10—螺杆

当 $L=100$mm, $\alpha_i=1$, $\tau=0.01$mm/m 时,则 $h_i=1\mu$m,即此时 1 格就表示数值为 1μm。如此逐点测量,就可得到相应的 α_i 值,为了阐述直线度误差的评定方法,后面将用实例加以叙述。

六、实验步骤

（1）量出被测表面总长，确定相邻两测点之间的距离（节距），按节距 L 调整桥板（图 4-2）的两圆柱中心距。

（2）将合像水平仪放于桥板上，然后将桥板依次放在各节距的位置。每放一个节距后，要旋转微分筒 9 合像，此时即可进行读数。先在放大镜 11 处读数，它是反映螺杆 10 的旋转圈数，微分筒 9（标有＋、－旋转方向）的读数则是螺杆

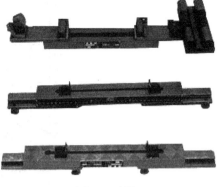

图 4-2 桥板

10 旋转一圈（100 格）的细分读数，如此顺测（从首点至终点）、回测（由终点至首点）各一次。回测时桥板不能调头，各测点两次读数的平均值作为该点的测量数据。必须注意，如果测点两次读数相差较大，说明测量情况不正常，应检查原因并加以消除后重测。

（3）为了作图的方便，最好将各测点的读数平均值同减一个数而得出相对差。

（4）根据各测点的相对差，在坐标纸上取点，作图时不要漏掉首点（零点），同时后一测点的坐标位置是以前一点为基准，根据相邻差数取点。然后连接各点，得出误差折线。

（5）用两条平行直线包容误差折线，其中一条直线必须与误差折线两个最高（最低）点相切，在两切点之间，应有一个最低（最高）点与另二条平行直线相切，这两条平行直线之间的区域才是最小包容区域。从平行于纵坐标方向画出这两条平行线间的距离，此距离就是被测表面的直线度误差值 α（格）。

（6）将误差值 α（格）按下式折算成线性值 f（微米），并按国家标准评定被测表面直线度的公差等级。

$$f = 0.01 L\alpha \qquad (4\text{-}2)$$

【例 4-1】 用合像水平仪测量长度为 1600mm 的窄长平面的直线度误差，仪器的分度值为 0.01mm/m，选用的桥板节距 $L=200$mm，测平面直线度的公差等级为 5 级，测量直线度记录数据见表 4-1。试用作图法评定该平面的直线度误差是否合格？

数 据 处 理　　　　　　　　　　　　　　　　表 4-1

测点序号 i		0	1	2	3	4	5	6	7	8
仪器读数 α_i（格）	顺测	—	298	300	290	301	302	306	299	296
	回测	—	296	298	288	299	300	306	297	296
	平均	—	297	299	289	300	301	306	298	296
相对差（格）$\Delta a_i = a_i - a$		0	0	+2	−8	+3	+4	+9	+1	−1

用累积值在坐标纸上作误差折线图，用作图法求最小包容区域及其在纵坐标轴上的截距，如图 4-3 所示，$\alpha=11$ 格。

直线度误差为：$f = 0.01 L\alpha = 0.01 \times 200 \times 11 = 22\,\mu m$。

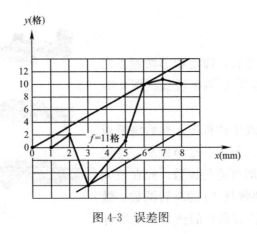

图 4-3　误差图

按国家标准，直线度 5 级公差值为 25 μm。误差值小于公差值，所以被测工件直线度误差合格。

七、思考题

（1）目前部分工厂用作图法求解直线度误差时，仍沿用以往的两端点连线法，即把误差折线的首点（零点）和终点连成一直线作为评定标准，然后再作平行于评定标准的两条包容直线，从平行于纵坐标来计量两条包容直线之间的距离作为直线度误差值。

1）以【例 4-1】题作图为例，试比较按两端点连线和按最小条件评定的误差值，何者合理？为什么？

2）假如误差折线只偏向两端点连线的一侧（单凸、单凹），上述两种评定误差值的方法的情况如何？

（2）用作图法求解直线度误差值时，如前所述，总是按平行于纵坐标计量，而不是垂直于两条平行包容直线之间的距离，原因何在？

实验2　平面度误差测量

一、概述

平面度误差是指被测实际表面相对其理想表面的变动量，理想平面的位置应符合最小条件，这一原则确保了测量结果的客观性和准确性。

平面度误差测量的常用方法有如下几种：

（1）平晶干涉法：用光学平晶的工作面体现理想平面，直接以干涉条纹的弯曲程度确定被测表面的平面度误差值。主要用于测量小平面，如量规的工作面和千分尺测头测量面的平面度误差。

（2）平板测量法：平板测量法是将被测零件和测微计放在标准平板上，以标准平板作为测量基准面，用测微计沿实际表面逐点或沿几条直线方向进行测量。

（3）液平面法：液平面法是用液平面作为测量基准面，液平面由"连通罐"内的液面构成，然后用传感器进行测量。此法主要用于测量大平面的平面度误差。

（4）光束平面法：光束平面法是采用准直望远镜和瞄准靶镜进行测量，选择实际表面上相距最远的三个点形成的光束平面作为平面度误差的测量基准面。

二、实验目的

（1）了解平板测量方法。
（2）掌握平板测量的评定方法及数据处理方法。

三、实验内容

用指示表和平板测量平面度误差。

四、实验设备

千分表、平板、大理石平板

五、测量原理

测量平板的平面度误差主要方法：用标准平板模拟基准平面；用指示表进行测量，如图4-4，标准平板精度较高，一般为0级或1级。对中、大型平板通常用水平仪或自准直仪进行测量，可按一定的布线方式，测量若干直线上的各点，再经适当的数据处理，统一为对某一测量基准平面的坐标值。

不管用何种方法，测量前都先在被测平面度上画方格线（图4-4），并按所画线进行测量。测量所得数据是对测量基准而言的，为了评定平面度误差的误差值，还需进行坐标变换，以便将测得值转换为与评定方法相应的评定基准的坐标值。

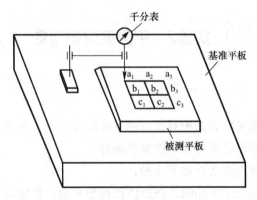

图 4-4   用指示表测量平面度误差

如图 4-4 所示，将被测平板沿纵横方向画好网格，本例中为测量 9 个点，四周边缘留 10mm，然后将被测平板放在基准平台上，按画线交点位置，移动千分表架，记下各点读数并填入表中。由测得的各点示值处理数据，求解平面度误差值。

平面度误差的评定方法有以下几种：

1. 按最小条件评定

参看图 4-5，由两平行平面包容实际被测表面时，实际被测表面上应至少有三至四点分别与这两个平行平面接触，且满足下列条件之一。此时这两个包容平面之间的区域称为最小包容区域，最小包容区域的宽度即为符合最小条件的平面度误差值。

（1）三角形准则：有三点与一个包容平面接触，有一点与另一个包容平面接触，且该点的投影能落在上述三点连成的三角形内，如图 4-5（a）所示。

（2）交叉准则：至少各有两点分别与两平行平面接触，且分别由相应两点连成的两条直线在空间呈交叉状态，如图 4-5（b）所示。

（3）直线准则：有两点与一个包容平面接触，有一点与另一个包容平面接触，且该点的投影能落在上述两点的连线上，如图 4-5（c）所示。

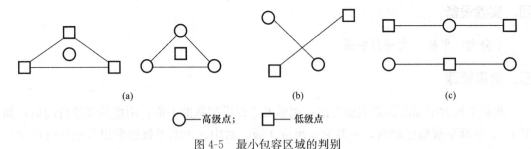

图 4-5   最小包容区域的判别

（a）三角形准则；（b）交叉准则；（c）直线准则

2. 按对角线平面法评定

用通过实际被测表面的一条对角线且用平行于另一条对角线的平面作为评定基准，以各测点对此评定基准的偏离值中的最大偏离值与最小偏离值之差作为平面度误差值。测点在对角线平面上方时，偏离值为正值；测点在对角线平面下方时，偏离值为负值。

3. 按三远点平面法评定

用实际被测表面上相距最远的三个点建立的平面作为评定基准，以各测点对此评定基准的偏离值中的最大偏离值与最小偏离值之差作为平面度误差值。测点在三远点平面上方时，偏离值为正值；测点在三远点平面下方时，偏离值为负值。

六、数据处理

按图 4-4 的测量装置，测得某一小平板（均匀布置测 9 个点）所得数据如图 4-6 所示。

+2 (a_1)	+4 (a_2)	+12 (a_3)	0 (a_1)	+2 (a_2)	+10 (a_3)
+7 (b_1)	+4 (b_2)	+8 (b_3)	+5 (b_1)	+2 (b_2)	+6 (b_3)
0 (c_1)	+5 (c_2)	+2 (c_3)	−2 (c_1)	+3 (c_2)	+0 (c_3)
(a)			(b)		

图 4-6 平面度误差的测量数据

(a) 各测点的示值（μm）；(b) 各测点与 a_1 示值的代数差（μm）

为了方便测量数据的处理，首先求出图 4-6 （a）所示 9 个测点的示值与第一个测点 a_1 的示值（＋2μm）的代数差，得到图 4-6 （b）所示 9 个测点的数据。

评定平面度误差值时，首先将测量数据进行坐标转换，把实际被测表面上各测点对测量基准的坐标值转换为对评定方法所规定的评定基准的坐标值，各测点之间的高度差不会因基准转换而改变。在空间直角坐标系里，取第一行横向测量线为 x 坐标轴，第一条纵向测量线为 y 坐标轴，测量方向为 z 坐标轴，第一个测点 a_1 为原点 O，测量基准为 Oxy 平面。换算各测点的坐标值时，以 x 坐标轴和 y 坐标轴作为旋转轴。设绕 x 坐标轴旋转的单位旋转量为 y，绕 y 坐标轴旋转的单位旋转量为 x，则当实际被测表面绕 x 坐标轴旋转，再绕 y 坐标轴旋转时，实际被测表面上各测点的综合旋转量如图 4-7 所示（位于原点的第一个测点 a_1 的综合旋转量为零）。各测点的原坐标值加上综合旋转量，就求得坐标转换后各测点的坐标值。

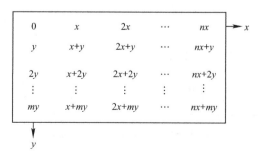

图 4-7 各测点的综合旋转量

1. 按对角线法评定平面度误差

按图 4-6（b）所示的数据，为了获得通过被测平面上一对角线且平行于另一对角线的平面，使 a_1、c_3 两点和 a_3、c_1 两点旋转后分别等值，由图 4-6（b）和图 4-7 得出下列关系式

$$\begin{cases} 0 + 2x + 2y = 0 \\ +10 + 2x = -2 + 2y \end{cases} \tag{4-3}$$

解得绕 y 轴和 x 轴旋转的单位旋转量分别为（正、负号表示旋转方向）：$x = -3\,\mu\text{m}$，$y = +3\,\mu\text{m}$。

把图 4-6（b）中对应的各点分别加上旋转量后得如图 4-8 所示。

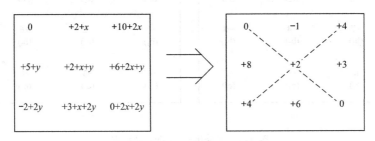

图 4-8　对角法旋转后各测点的示值（μm）

由图 4-8 可得，按对角线法求得的平面度误差值为：

$$f_\square = |+8 - (-1)| = 9\,\mu\text{m}$$

2. 按最小条件（最小包容区域）法评定平面度误差

分析图 4-6（b）所示的 9 个测点，估计被测面符合交叉准则（即 a_1c_3 直线与 b_1a_3 直线交叉），使 a_1c_3 两点和 b_1a_3 两点旋转后等值，可列出下列关系式：

$$\begin{cases} 0 = 0 + 2x + 2y \\ +5 + y = +10 + 2x \end{cases} \tag{4-4}$$

求得绕 y 轴和 x 轴旋转量分别为：

$$x = -\frac{5}{3}\,\mu\text{m}, \quad y = +\frac{5}{3}\,\mu\text{m}$$

把图 4-6（b）中对应的各点分别加上旋转量后得图 4-9。

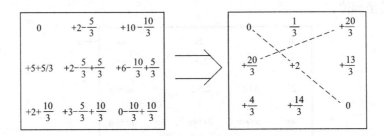

图 4-9　最小条件法旋转后各测点的示值（μm）

由图 4-9 可得最小条件法求得的平面度误差值为：

$$f_\square = \left| +\frac{20}{3} - 0 \right| \approx 6.7 \ \mu\text{m}$$

由此可见，最小条件法评定平面度误差值最小，也最合理。

七、思考题

（1）测量平面度误差的两种布线测量方法各有何优缺点？

（2）试对平面度误差的测量结果作精度分析。

实验3　径向和轴向圆跳动测量

一、概述

径向跳动和轴向跳动是机械工程中对旋转部件进行定位和运动的两个基本参数，它们分别关注垂直和平行方向的微小位移。径向跳动一般是上下跳动，轴向叫水平窜动。一个是上下，一个是水平，两者互为垂直关系。

（1）径向圆跳动：表示零件在圆周方向上的偏移。这种偏移通常是由于零件的形状误差、表面粗糙度或不平衡引起的。径向圆跳动对旋转零件的同轴度和平衡性至关重要。

（2）轴向圆跳动：表示零件在轴中心线方向上的偏移。这种偏移通常是由于零件的安装误差、轴承磨损或载荷不均匀引起的。轴向圆跳动对旋转零件的稳定性和平顺性至关重要。

二、实验目的

（1）掌握径向和轴向圆跳动的测量方法。
（2）加深对径向和轴向圆跳动的定义的理解。

三、实验内容

用卧式齿轮径向跳动测量仪测量径向和轴向圆跳动误差。

四、实验设备

盘形零件的径向和轴向圆跳动可以用卧式齿轮径向跳动测量仪来测量，该测量仪还可用于测量齿轮螺旋线总偏差和齿轮径向跳动。该测量仪的外形如图 4-10 所示，它主要由底座 10、装有两个顶尖座 7 的滑台 9 和立柱 1 组成。测量盘形零件时，将被测零件 13 安装在心轴 4 上（被测零件的基准孔与心轴呈无间隙配合），用该心轴轴线模拟体现被测零件的基准轴线。然后，把心轴安装在量仪的两个顶尖座 7 的顶尖 5 之间。滑台 9 可以在底座 10 的导轨上沿被测零件基准轴线的方向移动。立柱 1 上装有指示表表架 14。松开表架锁紧螺钉 16，旋转升降螺母 15，指示表表架 14 可以沿立柱 1 上下移动和绕立柱 1 转动。松开表架锁紧螺钉 17，指示表表架 14 可以带着指示表 2 绕垂直于铅锤平面的轴线转动。

五、测量原理

图 4-11 为径向和轴向圆跳动测量方法示意图。被测零件 2 以其基准孔安装在心轴 3 上（该孔与心轴成无间隙配合），再将心轴 3 安装在同轴线两个顶尖 1 之间。这两个顶尖的公共轴线体现基准轴线，它也是测量基准。实际被测圆柱面绕基准轴线回转一转过程中，位置固定的指示表的测头与被测圆柱面接触作径向移动，指示表最大与最小示值之差即为径向圆跳动的数值。实际被测端面绕基准轴线回转一圈，位置固定的指示表的测头与被测端面接触做轴向移动，指示表最大与最小示值之差即为轴向圆跳动的数值。

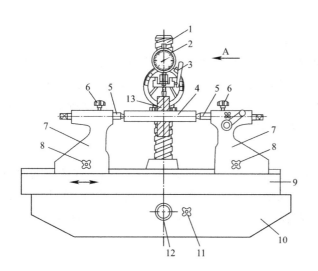

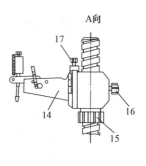

图 4-10　卧式齿轮径向跳动测量仪外形

1—立柱；2—指示表；3—指示表测量扳手；4—心轴；5—顶尖；6—顶尖锁紧螺钉；7—顶尖座；

8—顶尖座锁紧螺钉；9—滑台；10—底座；11—滑台锁紧螺钉；12—滑台移动手轮；13—被测零件；

14—指示表表架；15—升降螺母；16、17—表架锁紧螺钉

六、实验步骤

1. 测量径向圆跳动步骤

（1）在量仪上安装工件并调整指示表的测头与工件
的相对位置

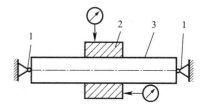

图 4-11　径向和轴向圆跳动测量
方法示意图

1—顶尖；2—被测零件；3—心轴

如图 4-10 所示，把被测零件 13 安装在心轴 4 上
（工件基准孔与心轴呈无间隙配合）。然后，把心轴 4 安
装在量仪的两个顶尖座 7 的顶尖 5 之间，使心轴无轴向窜动，且能转动自如。

（2）调整指示表的测头与工件的相对位置

松开滑台锁紧螺钉 11，转动滑台移动手轮 12，使滑台 9 移动，以便使指示表 2 的测
头大约位于工件宽度中间。然后，将滑台锁紧螺钉 11 锁紧，使滑台 9 的位置固定。

（3）调整量仪的指示表示值零位

放下指示表测量扳手 3，松开表架锁紧螺钉 16，转动升降螺母 15，使指示表表架
14 沿立柱 1 下降到指示表 2 的测头与工件被测圆柱面接触，能够把指示表 2 的长指针压
缩（正转）1～2 转。然后，旋转表架锁紧螺钉 16，使指示表表架 14 的位置固定。转动
指示表 2 的表盘（分度盘），把表盘的零刻线对准指示表的长指针，确定指示表的示值
零位。

（4）测量

把工件缓慢转动一转，读取指示表 2 的最大与最小示值，它们的差值即为径向圆跳动
数值。对于较长的被测外圆柱面，应根据具体情况，分别测量几个不同横截面的径向圆跳
动值，取其中的最大值作为测量结果。

2. 测量轴向圆跳动步骤

（1）调整指示表的测头与工件的相对位置

如图 4-10 所示，松开表架锁紧螺钉 17，转动指示表表架 14，使指示表 2 测杆的轴线平行于心轴 4 的轴线。然后，将表架锁紧螺钉 17 锁紧。松开表架锁紧螺钉 16，转动升降螺母 15，使指示表表架 14 沿立柱 1 下降到指示表 2 测头位于工件被测端面范围内的位置。之后，将表架锁紧螺钉 16 锁紧，使指示表表架 14 的位置固定。

（2）调整量仪的指示表示值零位

松开滑台锁紧螺钉 11，转动滑台移动手轮 12，使滑台 9 移动到工件被测端面与指示表 2 的测头接触，能够把指示表 2 的长指针压缩（正转）1~2 转。然后，旋紧滑台锁紧螺钉 11，使滑台 9 的位置固定。转动指示表 2 的表盘（分度盘），把表盘的零刻线对准指示表的长指针，确定指示表的示值零位。

（3）测量

把工件缓慢转动一转，读取指示表 2 的最大与最小示值，它们的差值即为轴向圆跳动数值。对于直径较大的被测端面，应根据具体情况，分别测量几个不同径向位置上的轴向圆跳动值，取其中的最大值作为测量结果。

七、思考题

（1）可否把安装着被测零件的心轴安放在两个等高 V 形支承座上测量圆跳动？

（2）径向圆跳动测量能否代替同轴度误差测量？能否代替圆度误差测量？

（3）轴向圆跳动能否完整反映出被测端面对基准轴线的垂直度误差？

实验4　圆度、圆柱度误差测量

一、概述

在机械零件的生产和加工过程中，必然会产生各种形状和位置误差。也就是说零件的实际形状和位置相对于设计所要求的理想形状和位置会产生偏离，其偏离量即误差值的大小、形状和位置误差不但决定了工件的几何精度，而且影响着产品的性能、噪声和寿命，也最终决定着产品质量的优劣。而圆度和圆柱度是形状误差检测的基本要素，作为评价圆柱体零件的重要指标，在机械产品制造、航空航天和自动化检测领域中起着非常重要的作用。圆度是指回转表面的横向截面轮廓（圆要素）的形状精度，圆柱度则是专指圆柱面外形轮廓（圆柱面要素）的形状精度。测量圆度和圆柱度，就是确定实际圆要素和实际圆柱面要素的圆度误差和圆柱度误差，从而获得它们的形状精度状况。

测量圆度及圆柱度误差的方法有很多，本实验采用三点法进行测量。

二、实验目的

（1）掌握三点法测量圆度及圆柱度的原理。

（2）加深对圆度、圆柱度误差和公差概念的理解。

（3）了解测量工具结构并熟悉它的使用方法。

三、实验内容

用指示表测量圆度和圆柱度误差。

四、实验设备

本实验的实验设备：指示表（示值范围：$0\sim3$mm；分度值0.01mm）、平板、V形架。

百分表和千分表统称指示表，均用于校正零件或夹具的安装位置、检验零件形状误差或相互位置误差。它们的结构原理基本相同，千分表的读数精度为0.001mm，而百分表的读数精度为0.01mm。日常测量及生产过程中常用的是百分表，因此，本实验选择使用百分表。

百分表外形如图4-12所示，主要由壳体1、提升测量杆用的圆头2、表盘3、表圈4、指示盘5、指针6、套筒7、测量杆8和测量头9组成。表盘3上刻有100个等分格，其分度值（即读数值）为0.01mm。当指针6转一圈时，指示盘5的小指针转动一小格，指示盘5的分度值为1mm。用手转动表圈4时，表盘3也跟着转动，可使指针对准任一刻线。套筒7可用作百分表支撑，测量时测量杆8可沿套筒7上下滑动。

图4-13所示为百分表内部结构的示意图。带有齿条的测量杆1的直线移动通过齿轮传动（z_1，z_2，z_3），转变为指针2的回转运动。齿轮z_4和弹簧3使齿轮传动的间隙始终在一个方向，起着稳定指针位置的作用。弹簧4用来调节百分表的测量压力。百分表内的

齿轮传动机构使测量杆移动和指针的旋转运动成线性比例。

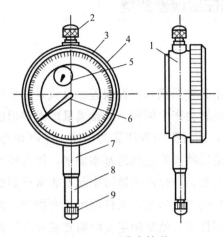 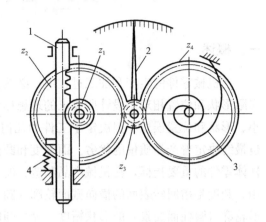

图 4-12　百分表外形

1—壳体；2—圆头；3—表盘；4—表圈；5—指示盘；

6—指针；7—套筒；8—测量杆；9—测量头

图 4-13　百分表的内部结构

1—测量杆；2—指针；3、4—弹簧

五、测量原理

　　三点法也称 V 形体法，即将工件安放在 V 形体上的一种测量方法。测量时，将被测工件放在 V 形架上，使其轴线垂直于测量截面，同时固定轴向位置，测量头接触轮廓圆的上表面，将被测工件回转一周，取百分表读数的最大差值的一半，作为该截面的圆度误差。测量若干截面，取其中最大的圆度误差作为该零件的圆度误差，取所有读数中最大与最小值的差值的一半作为零件的圆柱度误差。三点法适宜测量具有奇数棱圆的圆度和圆柱度误差。三点测量方法按支承的结构形式，分为顶点式对称安装、顶点式非对称安装和鞍式对称安装三种，如图 4-14 所示，其中（a）和（b）为顶点式对称安装，（c）和（d）为顶点式非对称安装，（e）和（f）鞍式对称安装。

六、实验步骤

　　（1）将被测轴放置在 90°的 V 形架上，平稳移动百分表座，使测量头接触被测轴，并垂直于被测轴的轴线（图 4-15），使指针处于刻度盘的示值范围内。

　　转动被测轴一周，记下百分表读数的最大值与最小值，取最大值与最小值之差的一半作为该截面的圆度误差。同样方法，测量五个不同截面的圆度误差。取五个截面的圆度误差中最大值作为被测轴的圆度误差，取测得的所有读数中的最大值与最小值之差的一半作为该截面的圆柱度误差。

　　（2）将被测轴放置在 120°的 V 形架上，按上述方法再测一次，求出圆度和圆柱度误差。

　　（3）取以上两次测量中的误差最大值作为被测量轴的圆度和圆柱度误差。

　　（4）将所得圆度误差、圆柱度误差与被测轴的圆度公差和圆柱度公差进行比较，判断零件是否合格。

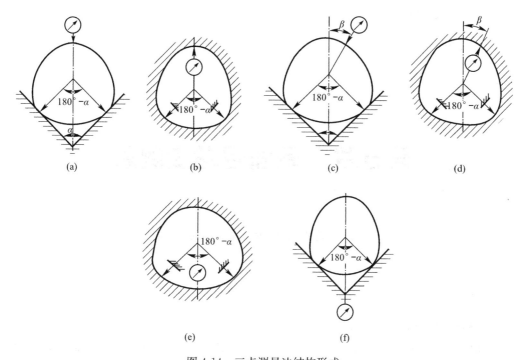

图 4-14　三点测量法结构形式

（a）轴用；（b）孔用；（c）轴用；（d）孔用；（e）孔用；（f）轴用

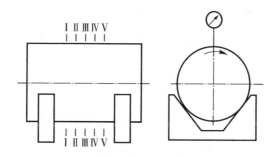

图 4-15　三点法测量圆度、圆柱度误差

七、思考题

（1）百分表和千分表有什么相同的地方？又有什么区别？

（2）圆柱度误差测量的原理是什么？

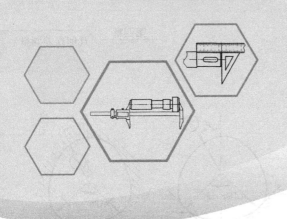

第五章　表面粗糙度测量

实验1　用光切显微镜测量表面粗糙度

一、概述

表面粗糙度是指加工表面所具有的较小间距和微小峰谷不平度。其相邻两波峰或两波谷之间的距离（波距）很小（在1mm以下），用肉眼是难以区分的，因此它属于微观几何形状误差。表面粗糙度轮廓的检测方法主要有比较法、光切法、触针法、干涉法等。

光切法是利用光切原理测量表面粗糙度的方法。采用光切原理制成的量仪称为光切显微镜，可用来测量切削加工方法所获得的平面和外圆柱面。光切法通常用于测量 Rz 值，其测量范围为 $0.8\sim80\,\mu m$。

二、实验目的

1. 了解用双管显微镜测量表面粗糙度的原理和方法。
2. 加深对表面粗糙度评定参数轮廓的最大高度 Rz 的理解。

三、实验要求

用双管显微镜测量表面粗糙度 Rz 值。

表面粗糙度轮廓幅度参数最大高度 Rz 是指在一个取样达到了长度范围内，被评定轮廓上各个高极点至中线的距离中的最大轮廓峰高与各个低极点至中线的距离中的最大轮廓谷深之和的高度。

四、实验设备

双管显微镜（也可称为光切显微镜）是测量表面粗糙度的常用仪器之一，它主要用于测量评定参数 Rz。仪器附有四种放大倍数各不相同的物镜，可以根据被测表面粗糙度的高低进行更换。物镜放大镜倍数与 Rz 值的关系见表 5-1。

物镜放大倍数 A	总放大倍数	视场直径（mm）	测量范围 Rz（μm）	目镜套筒分度值 C（μm）
7×	60×	2.5	80～10	1.25
14×	120×	1.3	20～3.2	0.63
30×	260×	0.6	6.3～1.6	0.294
60×	510×	0.3	3.2～0.8	0.145

物镜放大镜倍数与 Rz 值的关系　　　　　　　表 5-1

五、测量原理

双管显微镜是根据光切法原理制成的光学仪器。其测量原理如图 5-1（a）所示。仪器有两个光管：光源管及观察管。由光源 1 发出的光线经聚光镜 2 穿过狭缝 3，以 45°的方向投射到被测零件表面上，该光束所在平面（也称为光切面）与被测表面成 45°角相截，由于被测表面粗糙不平，故两者交线为凸凹不平的轮廓线，如图 5-1（b）所示。该光线又由被测表面反射，进入与光源管主光轴相垂直的观察管中，经物镜 4 成像在分划板 5 上，再通过目镜 6 就可观察到一条放大了的凸凹不平的光带影像。由于此光带影像反映了被测表面粗糙度的状态，故对其进行测量。这种用光平面切割被测表面而进行表面粗糙度测量的方法称为光切法。

由图 5-1（a）可知，被测表面的实际不平高度 h 与分划板上光带影像的高度 h' 有下述关系：

$$h = \frac{h'}{A}\cos 45°\tag{5-1}$$

式中　A——物镜实际放大倍数。

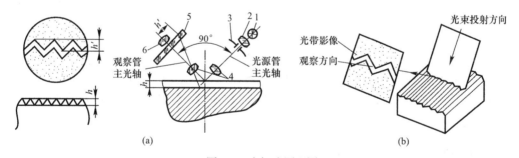

图 5-1　光切法原理图

（a）测量原理图；（b）示意图

1—光源；2—聚光镜；3—狭缝；4—物镜；5—分划板；6—目镜

光带影像高度 h' 是用目镜测微器来测量的，见图 5-2（a）。目镜测微器中有一块固定分划板和一块活动分划板。固定分划板上刻有 0～8 共 9 个数字和 9 条刻线。而活动分划板上刻有十字线及双标线，转动刻度套筒可使其移动。测量时转动刻度套筒，让十字线中的一条线 [如图 5-2（b）中的水平线] 先后与影像的峰、谷相切，由于十字线移动方向与影像高度方向成 45°角，所以影像高度 h' 与十字线实际移动距离 h'' 有下述关系：

$$h' = h''\cos 45°\tag{5-2}$$

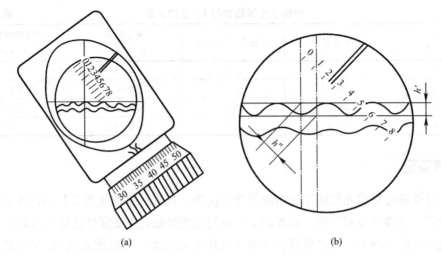

图 5-2 测微目镜头

(a) 目镜测微器视野图；(b) 视野放大图

因此，被测表面的实际不平度高度为：

$$h = \frac{h''}{A}\cos45°\cos45° = \frac{h''}{2A} \tag{5-3}$$

上式中的 h'' 就是测微器两次读数之差，测微器的分度值为 0.01mm，即 $10\,\mu\text{m}$，因而上式可写成 $h = h''/2A \times 10\,\mu\text{m}$。由于测量的是放大了的影像，所以需将格值换算到被测表面的实际粗糙度的高度上，则格值就不是 $10\,\mu\text{m}$，而是 $(10/A)\,\mu\text{m}$。为了简化计算，将上式中的 $1/2$ 也乘进去，则分度值（定度值）为：

$$C = \frac{10}{2A} = \frac{5}{A}\,\mu\text{m} \tag{5-4}$$

所以：

$$h = h''C \tag{5-5}$$

目镜套筒分度值 C 从表 5-1 查出或由仪器说明书给定。由于物镜放大倍数及测微千分尺在制造和装调过程中有误差，所以新置仪器及长时间未使用的仪器，其分度值应在使用前进行检定。

六、实验步骤

对照双管显微镜的外形图（图 5-3）进行操作。

(1) 接通电源，使光源 1 照亮。把被测零件放置在工作台 11 上。松开锁紧螺钉 3，旋转升降螺母 6，使横臂 5 沿立柱 2 下降（注意物镜头与被测表面之间必须留有微量的间隙），进行粗调焦，直至目镜视场中出现绿色光带为止。转动工作台 11，使光带与被测表面的加工痕迹垂直，然后拧紧锁紧螺钉 3 和工作台固定螺钉 9。

(2) 测量前调整。从测微目镜头 16 观察光带。旋转微调手轮 4 进行微调焦，使目镜视场中央出现最窄且有一边缘较清晰的光带。松开紧固螺钉 17，转动测微目镜头 16，使视场中十字线中的水平线与光带总的方向平行，然后拧紧紧固螺钉 17，使测微目镜头 16

位置固定。转动目镜测微鼓轮 15，在取样长度范围内使十字线中的水平线分别与所有轮廓峰高中的最大轮廓峰高（轮廓各峰中的最高点）和所有轮廓谷深中的最大轮廓谷深（轮廓各谷中的最低点）相切（图 5-2）。

（3）进行测量。双管显微镜的读数方法是先由视场内双标线所处位置确定读数，然后读取刻度套筒上指示的格数，并取两者读数之和。由于套筒每转过一周（100 格），视场内双标线移动一格，若以套筒上的"格"作为读数单位，则图 5-2 的读数就是 239 格（视场内读数为 200 格，套筒读数为 39 格）。

1）求轮廓最大高度 Rz。按取样长度 lr 范围内使十字线中的水平线分别与轮廓峰高中的最大轮廓峰高（轮廓峰中的最高点）和轮廓谷深中的最大轮廓谷深（轮廓谷中的最低点）相切，如图 5-4 所示。从刻度套筒上分别测出轮廓上最高点至测量基准线 A 的距离 hp_{max} 和最低点至 A 的距离 hv_{min}。表面粗糙度轮廓的最大高度 Rz 按下式计算：

$$Rz = (hp_{max} - hv_{min})C \qquad (5-6)$$

2）判定样品是否合格。

① 按"极值规则"评定。按上述方法连续测出 5 个取样长度上的 Rz 值，若这 5 个 Rz 值都在图样上所要求允许的极值范围内，则判定为合格。如果其中有 1 个 Rz 值超差，则判定为不合格。

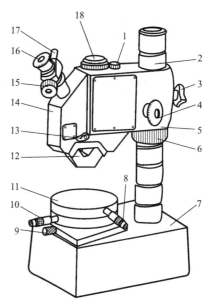

图 5-3　双管显微镜

1—光源；2—立柱；3—锁紧螺钉；4—微调手轮；5—横臂；6—升降螺母；7—底座；8—工作台纵向移动千分尺；9—工作台固定螺钉；10—工作台横向移动千分尺；11—工作台；12—物镜组；13—手柄；14—壳体；15—目镜测微鼓轮；16—测微目镜头；17—紧固螺钉；18—照相机接口

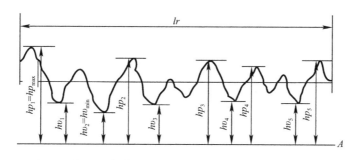

图 5-4　在 lr 内轮廓的高点和低点分别至测量基准线的距离

② 按"16%规则"判定。若连续测出 5 个取样长度上的 Rz 值都在上、下限允许值范围内，则判定为合格，如果有 1 个 Rz 值超差，则应再测 1 个取样长度上的 Rz 值，若这个 Rz 值不超差，就判定为合格，如果这个 Rz 值仍超差，则判定为不合格。

七、思考题

（1）何谓取样长度？测量时是如何确定的？

（2）测量时应如何估计中线的方向？

（3）为什么只测量光带一边的最高点（峰）和最低点（谷）？

（4）用双管显微镜能否测量被测表面粗糙度轮廓的算术平均偏差 Ra 值？若能测量的话，应如何测量？

实验2 用触针式轮廓仪测量表面粗糙度

一、概述

触针法又称针描法，是一种接触测量表面粗糙度的方法，利用金刚石触针在被测零件表面上移动，该表面轮廓的微观不平痕迹使触针在垂直于被测轮廓的方向产生上下位移，把这种位移量通过机械和电子装置加以放大，并经过处理，由量仪指示出表面粗糙度参数值，或者由量仪将放大的被测表面轮廓图形记录下来。触针法可测量 Ra、Rz、$Rmr(c)$ 等多个参数，适用于测量 $Ra＝0.025～6.3\,\mu m$ 的表面。

二、实验目的

(1) 了解用针描法测量表面粗糙度轮廓幅度参数算术平均偏差 Ra 的原理。
(2) 了解触针式轮廓仪的结构并熟悉它的使用方法。
(3) 深对表面粗糙度轮廓幅度参数 Ra 的理解。

三、实验要求

用触针式轮廓仪测量表面粗糙度的 Ra 值。表面粗糙度轮廓幅度参数算术平均偏差 Ra 是指在一个取样长度范围内，被评定轮廓上各点至中线的纵坐标值的绝对值的算术平均值。测量表面粗糙度轮廓算术平均偏差 Ra 或最大高度 Rz 时标准取样长度 lr 和标准评定长度 ln，见表5-2。

测量 Ra 或 Rz 时的标准取样长度 lr 和标准评定长度 ln　　　　　表5-2

轮廓的算术平均偏差 Ra（μm）	轮廓的最大高度 Rz（μm）	标准取样长度 lr（mm）	标准评定长度 ln（mm）
≥0.008～0.02	≥0.025～0.01	0.08	0.4
>0.02～0.1	>0.1～0.5	0.25	1.25
>0.1～2	>0.5～10	0.8	4
>2～10	>10～50	2.5	12.5
>10～80	>50～320	8	40

四、实验设备

针描法是指利用触针划过被测表面，把被测表面上微观的粗糙度轮廓放大描绘出来，经过计算处理装置，给出 Ra 值的方法。它属于接触测量的方法。采用针描法的原理制成的表面粗糙度轮廓测量仪称为触针式轮廓仪。

本实验采用 TR200 型触针式轮廓仪及其操作面板如图5-5所示。这种量仪 Ra 值的测量范围为 $0.025～12.5\,\mu m$。它适宜于测量平面、外圆柱面、内孔的表面粗糙度。

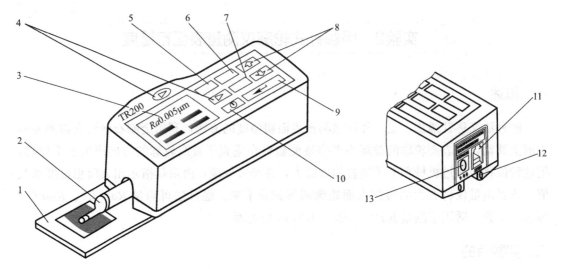

图 5-5   TR200 型触针式轮廓仪及其操作面板

1—标准样板；2—传感器；3—操作面板上的显示屏；4—启动键；5—显示键；

6—退出键；7—菜单键；8—滚动键；9—回车键；10—电源键；11—RS-232 接口；

12—附件安装口；13—电源插口

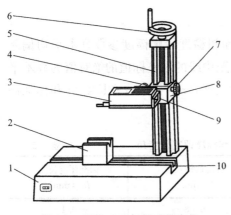

图 5-6   TR200 型触针式轮廓仪
安放在测量平台上

1—测量平台；2—V 形块；3—触针式轮廓仪
（简称量仪）；4—量仪驱动器锁紧手轮；5—立柱；
6—升降手轮；7—锁紧滑架用的手轮；8—固定量
仪用的滑架；9—驱动器连接板；10—T 形导向槽

TR200 型触针式轮廓仪由传感器、驱动器及量仪本体上的显示屏、操作面板、接口等组成。该量仪可以手持进行表面粗糙度测量，也可以固定在测量平台上进行测量（图 5-6），因而能够方便地调整量仪与被测表面之间的相对位置。

该量仪所采用的表面粗糙度评定软件中有国际标准（ISO 标准），而国家标准《产品几何技术规范（GPS）表面结构 轮廓法 术语、定义及表面结构参数》GB/T 3505—2009 和 ISO 标准中关于 Ra 的定义相同，前者与 ISO 21920-2：2021 中关于 Rz 的定义也相同。本实验采用 ISO 标准进行评定。

五、实验原理

图 5-7 为 TR200 型触针式轮廓仪的测量原理图。测量工件表面粗糙度时，量仪传感器测杆上的金刚石触针的针尖与被测表面接触，量仪驱动器带动传感器沿被测表面做匀速直线运动，垂直于被测表面的触针随工件被测表面的微观峰谷起伏做上下运动。触针的上下运动使传感器电感线圈的电感量发生变化，转换为电信号，量仪 DSP 芯片采集该电信号进行放大、整流、滤波，经 A/D 转换为数字信号并进行数据处理。测量结果在量仪显示屏上读出，也可在打印机上输出。

安装在传感器上的导头用于保护触针，并使传感器移动方向与被测表面保持平行。

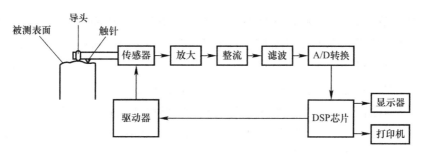

图 5-7　TR200 型触针式轮廓仪的测量原理图

六、实验步骤

1. 安装量仪

（1）将传感器安装在量仪上

用手拿住传感器的主体，将它放入量仪 3 底部的传感器连接套中，并轻推到底。

（2）将量仪安装在测量平台的立柱上

通过图 5-5 中量仪上的附件安装口 12 将图 5-6 中量仪 3 与测量平台上的驱动器连接板 9 连接，然后将量仪安装在立柱 5 的固定量仪用的滑架 8 上。将量仪与打印机连接，就可以打印实际被测表面的粗糙轮廓。

2. 设置

（1）设置测量条件

开机检查电池电压是否正常，按如图 5-5 所示电源键 10 启动如图 5-6 所示量仪 3，则图 5-5 中操作面板上的显示屏 3 显示测量状态，如图 5-9 左下方的文字所示。测量状态根据图样上对被测表面规定的技术要求（如取样长度、评定长度、量程、滤波器、所采用的表面粗糙度评定标准等）进行测量条件设置：按如图 5-5 所示菜单键 7 进入菜单操作状态，按滚动键 8 选取测量条件设置，然后按回车键 9 则进入测量条件设置状态。

例如设置技术要求中的取样长度，进入测量条件设置状态后，通过如图 5-5 所示滚动键 8 选取取样长度，按回车键 9 选取所要求的取样长度值。然后，按滚动键 8，继续设置其他测量条件的项目。所有项目设置完成后，按退出键 6，回到菜单操作状态。

（2）校准示值

若图 5-6 所示量仪 3 在本次测量前已校准好，则在一段时间内不必重新校准。在使用正确的测量方法测试随机样板时，如果实际测量值与样板标定值的差值在样板标定值的±10%范围内，则正常使用。如果实际测量值超出样板标定值的±10%，则使用量仪的示值校准功能，它按照实际偏差对样板标定值的百分比进行校准。

在菜单操作状态，按如图 5-5 所示滚动键 8 选取功能选择，按照上述方法选取示值校准功能，按回车键 9 进入示值校准功能状态，按滚动键 8 进行示值校准，以改变上述实际偏差百分比。

（3）其他设置

在菜单操作状态，按如图 5-5 所示滚动键 8 依次进行：①系统设置：选择语言为"简体中文",选择单位为"米制",选择液晶背光"打开";②功能选择设置:连接打印机(打印测量参数,打印滤波后的轮廓图形,也可打印不滤波的轮廓),显示触针位置。

3. 安放被测工件

擦净工件被测表面。将工件安放在平台上或者 V 形块中。

轴向测量圆柱表面时,首先将如图 5-6 所示 V 形块 2 放置在测量平台 1 的工作平面上,用 T 形导向槽 10 定位,然后将工件安放在 V 形块 2 中。V 形块 2 的中心线与传感器触针应位于同一垂直平内,测量圆柱表面的最高点母线。

被测表面为平面时,可根据需要,将工件安放在平台上,也可将工件安放在 V 形块 2 的顶面上(该 V 形块 2 的顶面与底面应平行),被测表面朝上,被测表面加工纹理应垂直于触针运动方向,如图 5-8 所示。

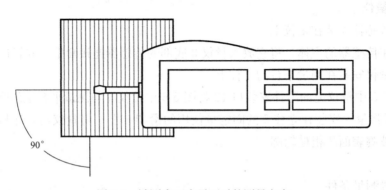

图 5-8 被测表面为平面时的测量方向

4. 调整传感器触针与被测表面的相对位置

按如图 5-5 所示电源键 10 启动图 5-6 所示量仪 3。按图 5-5 所示回车键 9,操作面板上的显示屏 3 则显示触针位置。转动如图 5-6 所示升降手轮 6 使量仪沿立柱 5 上下移动,以调整量仪上的传感器与被测表面的相对位置。当传感器的触针接近被测表面时,应放慢传感器的下降速度。参看图 5-9,传感器的触针接触被测表面后,从显示屏 3 仔细观察触针位置,当显示的触针箭头处于 0 刻线的附近时,则触针位置达到了最佳位置,这时按图 5-5 所示退出键 6 退出,回到菜单操作状态,即可进行测量。

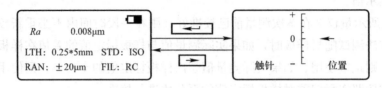

图 5-9 从显示屏观察触针最佳位置

图 5-9 左边的符号和数值的含义如下: "LTH:0.25 * 5mm"表示取样长度为 0.25mm,评定长度为 5 个取样长度;"STD:ISO"表示所采用的粗糙度评定标准为 ISO 标准;"RAN:±20μm"表示量程为 ±20μm;"FIL:RC"表示滤波器为 RC 滤波器。

5. 测量

本实验使用标准传感器进行测量。测量方法如下：

（1）依次进行下列操作：启动图 5-6 所示量仪 3，设置测量条件，安放工件，调整传感器与被测表面之间的相对位置，做好测量前的准备工作。

（2）按图 5-5 所示启动键 4 开始测量，操作面板上的显示屏 3 依次显示如图 5-10 所示的画面，最后显示本次测量结果。

（3）第一次按如图 5-5 所示显示键 5，将显示本次测量的全部参数值（其中包括 Ra 值和 Rz 值），按滚动键 8 翻页，继续查看其他数据。第二次按显示键 5，将显示本次测量的轮廓曲线。按退出键 6 则返回到初始测量状态。

也可以用如图 5-5 所示量仪 3 上的 RS-232 接口将它与打印机或者 PC 机连接，打印和处理分析测量结果。

七、思考题

（1）试述表面粗糙度轮廓幅度参数 Ra 和 Rz 的含义。

（2）试说明针描法测量表面粗糙度轮廓幅度参数的原理和方法。

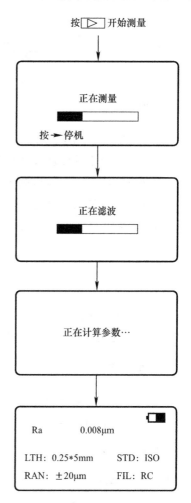

图 5-10　操作面板上的显示
屏显示的测量过程

实验3　用干涉显微镜测量表面粗糙度

一、概述

　　干涉法是利用干涉显微镜测量表面粗糙度，联合运用干涉原理和显微放大原理，干涉显微镜用光波干涉原理反映出被测表面粗糙度轮廓的起伏大小，用显微系统进行高倍数放大后观察和测量。干涉显微镜具有表面信息直观和测量精度高等优点，而且一次就可测定一块面积。干涉法主要用于测量表面粗糙度的 Rz 参数，这种方法适宜测量 Rz 值为 $0.063\sim1.0\,\mu m$（相当于 Ra 值为 $0.01\sim0.16\,\mu m$）的平面、外圆柱面和球面。

二、实验目的

　　(1) 了解用干涉显微法测量表面粗糙度轮廓幅度参数最大高度 Rz 的原理。
　　(2) 了解干涉显微镜的结构并熟悉它的使用方法。
　　(3) 加深对表面粗糙度轮廓最大高度 Rz 的理解。

三、实验要求

　　用干涉显微镜测量表面粗糙度 Rz 值。
　　测量表面粗糙度轮廓算术平均偏差 Ra 或最大高度 Rz 时的标准取样长度和标准评定长度见表 5-2。

四、实验设备

　　干涉显微法是指利用光波干涉原理和显微系统测量精密加工表面上微观的粗糙度轮廓的方法。它属于非接触测量的方法。采用干涉显微法的原理制成的表面粗糙度轮廓测量仪称为干涉显微镜。

　　图 5-11 为 6JA 型干涉显微镜的光学系统图。由光源 1 发出的光束，经聚光镜 2、反射镜 3、孔径光阑 4、视场光阑 5 和物镜 6 投射到分光镜 7 上，并被分成两束光。其中一束光向前投射（此时遮光板 8 移去），经物镜 9 投射到标准镜 P_1，再反射回来。另一束光向上投射，经补偿镜 10 和物镜 11，投射向工件被测表面 P_2，再反射回来。两路返回的光束在目镜 15 的焦平面相遇叠加，由于它们有光程差，便产生干涉，形成干涉条纹。

五、测量原理

　　被测表面 P_2 上微观的粗糙度轮廓的起伏不平使干涉条纹弯曲（图 5-12），弯曲程度取决于粗糙度轮廓峰、谷的起伏大小。根据光波干涉原理，在光程差每相差半个波长 $\lambda/2$ 处即产生一个干涉条纹。因此，参看图 5-13，只要测出干涉条纹的弯曲量 a 与两条相邻干涉条纹之间的间距 b（它代表这两条干涉条纹相距 $\lambda/2$），便可按下式计算出粗糙度轮廓峰尖与谷底之间的高度 h：

$$h = \frac{a}{b} \cdot \frac{\lambda}{2} \tag{5-7}$$

式中　λ——光波波长，μm。

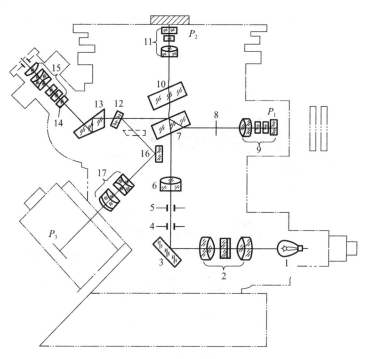

图 5-11　6JA 型干涉显微镜的光学系统图

1—光源；2—聚光镜；3、12、16—反射镜；4—孔径光阑；5—视场光阑；6、9、11—物镜；

7—分光镜；8—遮光板；10—补偿镜；13—转向镜；14—分划板；15—目镜；17—相机物

镜；P_1—标准镜；P_2—工件被测表面；P_3—照相底片

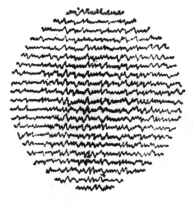

图 5-12　干涉条纹

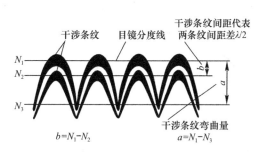

图 5-13　测量干涉条纹的弯曲量 a 和间距 b

六、实验步骤

1. 调整量仪

（1）按粗糙度比较样块评估的被测表面粗糙度轮廓幅度参数 Ra 值，对照表 5-2，来

确定取样长度 lr 和评定长度 ln。

（2）通过变压器接通电源，使光源 7 照亮，预热 15～30min。

（3）调节光路。将手轮 3 转到目视位置，同时转动手柄使遮光板调节手柄 16（图 5-14 中的件 8）移出光路，此时从目镜 1 中可看到明亮的视场。若视场亮度不匀，可转动螺钉 6 来调节。

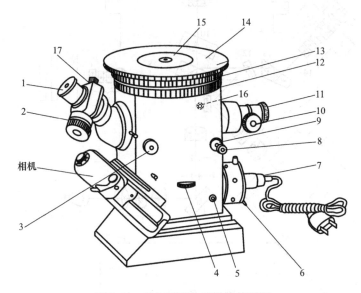

图 5-14　6JA 型干涉显微镜外形图

1—目镜；2—目镜测微鼓轮；3、8、9、10、11—手轮；4—光阑调节手轮；5—手柄；6—螺钉；
7—光源；12、13、14—滚花轮；15—工作台；16—遮光板调节手柄（显微镜背面）；17—螺钉

如图 5-14 所示，转动手轮 10，使目镜视场下部的弓形直边清晰（图 5-15）。松开螺钉 17，取下目镜 1。从目镜管直接观察到两个灯丝像。转动光阑调节手轮 4，使孔径光阑开至最大。转动手轮 8 和手轮 9，使两个灯丝像完全重合，同时旋转螺钉 6，使灯丝像位于孔径光阑的中央（图 5-16）。然后，装上目镜 1，旋紧螺钉 17。

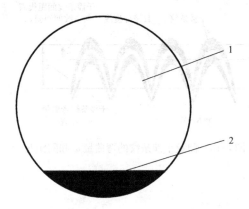

图 5-15　弓形直边图

1—视场；2—弓形直边

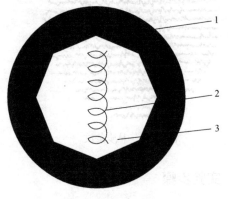

图 5-16　灯丝像图

1—物镜出射瞳孔；2—灯丝像；3—孔径光阑

（4）安放被测工件。如图 5-14 所示，将工件放在工作台 15 上，被测表面向下对准物镜。转动遮光板调节手柄 16，使遮光板进入光路，遮住标准镜（图 5-11 中的件 P_1）。推动滚花轮 14，使工作台在任意方向移动。转动滚花轮 12。使工作台升降（此时为调焦）至目镜视场中观察到清晰的被测表面粗糙度轮廓影像为止。再转动遮光板调节手柄 16，使遮光板移出光路。

2. 找干涉带

将手柄 5 向左推到底，此时采用单色光。慢慢地来回转动手轮 11，直至视场中出现清晰的干涉条纹为止。将手柄 5 向右拉到底，就可以采用白光，得到彩色干涉条纹。转动手轮 8 和手轮 9，并配合转动手轮 10 和手轮 11，可以得到所需亮度和宽度的干涉条纹。进行精密测量时，应该采用单色光。同时应开灯半小时，待量仪温度恒定后才进行测量。

3. 测量

（1）转动滚花轮 13，使被测表面加工纹理方向与干涉条纹方向垂直。松开螺钉 17，转动目镜 1，使视场内十字线中的一条直线与干涉条纹平行，然后把目镜 1 固紧。

（2）测量干涉条纹间距 b。

转动目镜测微鼓轮 2，使视场内与干涉条纹方向平行的十字线中那条水平线，对准某条干涉条纹峰顶的中心线（图 5-13），在目镜测微鼓轮 2 上读出示值 N_1。然后，将该水平线对准相邻的另一条干涉条纹峰顶的中心线，读出示值 N_2，则 $b = N_1 - N_2$。为了提高测量精度，应分别在不同部位测量三次，得 b_1、b_2、b_3，取它们的平均值 b_{av}：

$$b_{av} = \frac{b_1 + b_2 + b_3}{3} \tag{5-8}$$

（3）测量干涉条纹最高峰尖与最低谷底之间的距离 a_{max}。读出 N_1 后，移动视场内十字线中的水平线，对准同一条干涉条纹谷底的中心线，读出示值 N_3。$N_1 - N_3$ 即为干涉条纹弯曲量 a。

在一个取样长度范围内，找出同一条干涉条纹所有的峰中最高的峰尖和所有的谷中最低的谷底，分别测量并读出它们对应的示值 N_1 和 N_3，两者的差值即为 a_{max}。被测表面粗糙度轮廓的 Rz 值按下式计算：

$$Rz = \frac{a_{max}}{b_{av}} \cdot \frac{\lambda}{2} \tag{5-9}$$

采用单色光时，白色光波长 $\lambda = 0.55\,\mu m$，绿色光波长 $\lambda = 0.509\,\mu m$，红色光波长 $\lambda = 0.644\,\mu m$。光的波长也可按量仪说明书记载的数值取值。

按上述方法测出连续五段取样长度上的 Rz 值，然后按《产品几何技术规范（GPS）表面结构 轮廓法 评定表面结构的规则和方法》GB/T 10610—2009 的规定（16%规则或最大规则）来评定测量结果。

4. 数据处理和计算示例

用干涉显微镜测量一个表面的粗糙度轮廓最大高度 Rz。将被测表面与粗糙度比较样块进行对比后，评估前者 Ra 值为 $0.08\,\mu m$，按表 5-2 代换成 Rz 值为 $0.5\,\mu m$。按此评估结果，由表 5-2 确定取样长度 lr 为 $0.25mm$。采用单色白光进行测量，其波长 λ 为 $0.55\,\mu m$。

在连续五段取样长度上测量所得到的数据及相应的数据处理和测量结果列于表 5-3 中。

用干涉显微镜测量表面粗糙度轮廓的最大高度 Rz 值　　　　　　表 5-3

取样长度 $lr = 0.25\text{mm}$	最高峰尖与最低谷底间的距离 a_{max}（测微鼓轮轮读，格）		相邻两条干涉条纹之间的间距 b_{av}（测微鼓轮读数，格）	轮廓的最大高度 Rz（μm）
	N_1	N_3		
lr_1	74	29	$b_1 = N_1 - N_2 = 58 - 25 = 33$ $b_2 = N_1 - N_2 = 71 - 42 = 29$ $b_3 = N_1 - N_2 = 100 - 67 = 33$ $b_{av1} = (b_1 + b_2 + b_3)/3 = 31.37$	$Rz = \dfrac{74 - 29}{31.67} \cdot \dfrac{0.55}{2} = 0.391$
lr_2	87	35	$b_1 = N_1 - N_2 = 60 - 30 = 30$ $b_2 = N_1 - N_2 = 89 - 47 = 42$ $b_3 = N_1 - N_2 = 98 - 53 = 45$ $b_{av2} = (b_1 + b_2 + b_3)/3 = 39$	$Rz = \dfrac{87 - 35}{39} \cdot \dfrac{0.55}{2} = 0.367$
lr_3	72	25	$b_1 = N_1 - N_2 = 76 - 41 = 35$ $b_2 = N_1 - N_2 = 82 - 39 = 43$ $b_3 = N_1 - N_2 = 96 - 71 = 25$ $b_{av3} = (b_1 + b_2 + b_3)/3 = 34.333$	$Rz = \dfrac{72 - 25}{34.33} \cdot \dfrac{0.55}{2} = 0.367$
lr_4	79	33	$b_1 = N_1 - N_2 = 79 - 43 = 36$ $b_2 = N_1 - N_2 = 78 - 47 = 31$ $b_3 = N_1 - N_2 = 101 - 72 = 29$ $b_{av4} = (b_1 + b_2 + b_3)/3 = 32$	$Rz = \dfrac{79 - 33}{32} \cdot \dfrac{0.55}{2} = 0.395$
lr_5	84	36	$b_1 = N_1 - N_2 = 57 - 22 = 35$ $b_2 = N_1 - N_2 = 73 - 39 = 34$ $b_3 = N_1 - N_2 = 99 - 65 = 34$ $b_{av5} = (b_1 + b_2 + b_3)/3 = 34.333$	$Rz = \dfrac{84 - 36}{34.33} \cdot \dfrac{0.55}{2} = 0.384$
测量结果	同一评定长度范围内所有的 Rz 实测值中，最大实测值为 0.391μm，最小实测值为 0.367μm			

七、思考题

（1）用光波干涉原理测量表面粗糙度轮廓，就是以光波为尺子（标准量）来测量被测表面上微观的峰、谷之间的高度，此说法是否正确？

（2）用干涉显微镜测量表面粗糙度轮廓最大高度 Rz 值时，分度值如何体现？

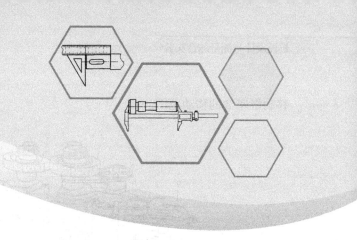

第六章　圆柱齿轮测量

实验1　齿轮径向综合误差测量

一、概述

　　齿轮是机械传动系统中常见的元件，其作用是将驱动轴的转速和转矩传递到被驱动轴上。在齿轮传动中，精确的齿轮配合是十分重要的，而齿轮径向综合误差则是评价齿轮配合精度的一个重要指标。

　　齿轮径向综合误差是指齿轮相对于齿轮轴线的径向距离误差。简单来说，就是齿轮齿面与轴线之间的距离误差。齿轮径向综合误差会导致齿轮在传动过程中产生不稳定力矩和额外的载荷，从而影响齿轮的传动精度和工作寿命。只有保证齿轮的配合精度和减小径向综合误差，才能提高齿轮传动的可靠性和工作效率。因此，在齿轮设计和制造过程中，应重视齿轮径向综合误差的控制，并采取相应的措施来提高齿轮的配合精度。

二、实验目的

　　（1）熟悉双面啮合综合检查仪的测量原理和测量方法。

　　（2）加深理解齿轮径向综合误差与径向相邻齿综合误差的定义。

三、实验内容

　　用双面啮合综合检查仪测量齿轮径向综合误差和径向相邻齿综合误差。

四、实验设备

　　图 6-1 为齿轮双面啮合综合测量仪的外形图。测量仪的底座 12 上安放着测量时位置固定的滑座 1 和测量时可移动的滑座 2，它们的心轴上分别安装被测齿轮 9 和测量齿轮 8。受压缩弹簧的作用，两齿轮可作双面啮合。转动手轮 11 可以移动固定滑座 1，以调整它在底座 12 上的位置，然后用手柄 10 加以固定。双啮中心距的变动量可以由指示表（百分表）6 的示值反映出来，或者用记录器 7 记录下来。手轮 3、销钉 4 和螺钉 5 用于调整可

移动滑座 2 的移动范围。

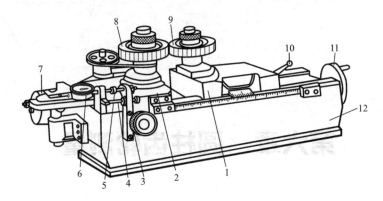

图 6-1　双面啮合综合检查测量仪

1—固定滑座；2—可移动滑座；3—手轮；4—销钉；5—螺钉；6—指示表；

7—记录器；8—测量齿轮；9—被测齿轮；10—手柄；11—手轮；12—底座

该测量仪用于测量圆柱齿轮（测量范围：模数 1～10mm，中心距 50～300mm），安装上其他附件，还能测量圆锥齿轮和蜗轮副。

五、测量原理

齿轮径向综合误差的测量是被测齿轮与理想精确的测量齿轮双面啮合时，在被测齿轮一转范围内，双啮中心距的最大变动量；径向相邻齿综合误差是指在被测齿轮-齿距角内，双啮中心距的最大变动量。双面啮合综合检查测量仪的基本工作原理如图 6-2 所示。测量时，被测齿轮空套在仪器固定轴上，理想精确的测量齿轮空套在径向浮动滑座的心轴上，借弹簧作用力使两轮双面啮合。此时，如果被测齿轮有误差，如有齿圈径向跳动 ΔF_r，则当被测齿轮转动时，将推动理想的测量齿轮及径向滑座左右移动，使双啮中心距发生变动，变动量由指示表读出或由记录器记录。

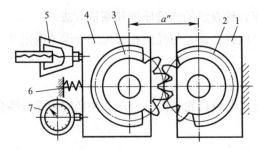

图 6-2　双面啮合综合检查测量仪的基本工作原理

1—固定滑座；2—被测齿轮；3—测量齿轮；4—可移动滑座；5—记录器；6—弹簧；7—指示表

六、实验步骤

（1）如图 6-1 所示，将测量齿轮 8 和被测齿轮 9 分别安装在可移动滑座 2 和固定滑座

1 的心轴上。按逆时针方向转动手轮 3，直至手轮 3 转动到可移动滑座 2 向左移动被销钉 4 挡住为止。这时，可移动滑座 2 大致停留在可移动范围的中间。然后，松开手柄 10，转动手轮 11，使固定滑座 1 移向可移动滑座 2，当这两个齿轮接近双面啮合时，将手柄 10 压紧，使固定滑座 1 的位置固定。之后，按顺时针方向转动手轮 3，由于弹簧的作用，可移动滑座 2 向右移动，这两个齿轮便作无侧隙的双面啮合。

（2）如图 6-1 所示，调整螺钉 5 的位置，使指示表 6 的指针因弹簧压缩而正转 1～2 转，然后把螺钉 5 的紧定螺母拧紧。转动指示表 6 的表盘（分度盘），把表盘的零刻线对准指示表的长指针，确定指示表的示值零位。使用记录器 7 时，应在滚筒上裹上记录纸，并把记录笔调整到中间位置。

（3）如图 6-1 所示，被测齿轮 9 旋转一转，记下指示表的最大示值与最小示值，它们的差值即为径向综合总偏差 $\Delta F_i''$ 的数值。

被测齿轮 9 转动一个齿距角（$360°/z$），记下指示表在这范围内的最大示值与最小示值之差作为一次测量结果。这样在被测齿轮一转范围内均匀间隔的几个部位分别测量几次，从记录的这几次测量结果中取最大值 $\Delta f_i''\mathrm{max}$ 作为该齿轮的径向相邻综合偏差的评定值。

如果使用记录器 7，将得到如图 6-3 所示的径向综合偏差曲线，可以从该曲线上量得 $\Delta F_i''$ 和 $\Delta f_i''$ 的数值。

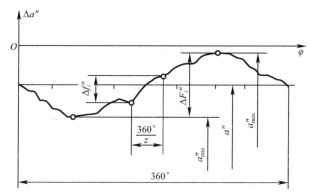

图 6-3　双面啮合综合检查测量仪测量记录曲线图

φ—被测齿轮转角；a''—双啮中心距；$\Delta a''$—指示表示值；z—被测齿轮齿数

七、思考题

（1）双啮中心距与安装中心距的区别何在？

（2）测量径向综合误差 $\Delta F_i''$ 与径向相邻齿综合误差 $\Delta f_i''$ 的目的是什么？

（3）若无理想精确的测量齿轮，能否进行双面啮合测量？为什么？

一、概述

公法线长度是指齿轮齿面上两点之间的最短弧长，也可以理解为齿轮齿面曲线与公法面的交线的长度。公法线长度是确定齿轮啮合性能的重要参数之一，它直接影响到啮合传动的平稳性、传动效率以及齿轮的寿命。

公法线平均长度偏差 E_w 是指在齿轮一周范围内，公法线实际的长度平均值与公称值之差，它也用于控制齿侧间隙。公法线长度变动 F_w 是指实际公法线的最大长度与最小长度之差，可反映齿轮运动误差中的切向误差分量。测量齿轮公法线的量具和量仪种类很多，其中精度较高的有公法线千分尺、公法线指示规和万能测齿仪等，都可同时评定两项指标。

二、实验目的

（1）掌握测量齿轮公法线长度的方法。

（2）加深理解齿轮公法线平均长度偏差和齿轮公法线长度变动的定义。

三、实验内容

用公法线千分尺或公法线指示规测量齿轮公法线平均长度偏差和齿轮公法线长度变动。

四、实验设备

公法线长度通常使用公法线千分尺或公法线指示规测量。公法线千分尺外形如图6-4所示。它的结构、使用方法和读数方法与普通千分尺一样，不同之处是量砧制成碟形，以使碟形量砧能够伸进齿间进行测量。

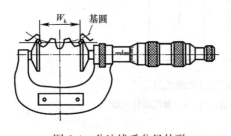

图6-4 公法线千分尺外形

公法线指示规结构如图6-5所示。量仪的弹性开口圆套2的孔比圆柱1稍小，将专门扳手9取下插入弹性开口圆套2的开口槽中，可使弹性开口圆套2沿圆柱1移动。用组成公法线长度公称值的量块组调整活动量爪4与固定量爪3之间的距离，同时转动指示表6的表盘，使它的指针对准零刻线，然后，用相对测量法测量齿轮各条公法线的长度。测量时应轻轻摆动量仪，按指针转动的转折点（最小示值）进行读数。

五、测量原理

测量标准直齿圆柱齿轮的公法线长度时，跨齿数 k 按下式计算：

$$k = z\frac{\alpha}{180°} + 0.5 \tag{6-1}$$

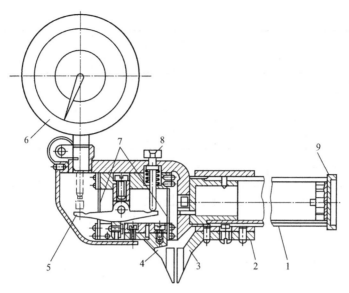

图 6-5 公法线指示规结构

1—圆柱；2—弹性开口圆套；3—固定量爪；4—活动量爪；5—比例杠杆；

6—指示表；7—片簧；8—按钮；9—专门扳手

式中 z——齿轮的齿数；

α——齿轮的基本齿廓角。

k 的计算值通常不为整数，而在计算公法线长度公称值和测量齿轮时，k 必须是整数，因此应将 k 的计算值化整为最接近计算值的整数。

公法线长度公称值 W_k 按下式计算：

$$W_k = m\cos\alpha\left[\pi(k-0.5)+z\,\mathrm{inv}\alpha\right] \tag{6-2}$$

式中 $\mathrm{inv}\alpha$——渐开线函数，$\mathrm{inv}20°=0.014$。

对于变位直齿圆柱齿轮，跨齿数 k 按下式计算：

$$k = z\frac{\alpha_n}{180}+0.5 \tag{6-3}$$

其中，$a_n=\arccos\dfrac{d_b}{d+2xm}$，$m$、$x$、$d$ 和 d_b 分别为模数、变位系数、分度圆直径、齿轮基圆直径。

变位齿轮的公法线长度公称值 W_k 按下列式计算：

$$W_k = m\cos\alpha\left[\pi(k-0.5)+z\,\mathrm{inv}\alpha\right]+2xm\sin\alpha \tag{6-4}$$

为了使用方便，对于 $\alpha=20°$、$m=1\mathrm{mm}$ 的标准直齿圆柱齿轮，按以上有关公式计算的跨齿数 k 化整值和公法线长度公称值 W_k，见表 6-1。

$m=1$，$a_f=20°$ 的标准直齿圆柱齿轮的公法线公称长度   表 6-1

齿轮齿数 z	跨齿数 k	公法线公称长度 W_k（mm）	齿轮齿数 z	跨齿数 k	公法线公称长度 W_k（mm）	齿轮齿数 z	跨齿数 k	公法线公称长度 W_k（mm）
15	2	4.6383	17	2	4.6663	19	3	7.6464
16	2	4.6523	18	3	7.6324	20	3	7.6604

齿轮齿数 z	跨齿数 k	公法线公称长度 W_k (mm)	齿轮齿数 z	跨齿数 k	公法线公称长度 W_k (mm)	齿轮齿数 z	跨齿数 k	公法线公称长度 W_k (mm)
21	3	7.6744	31	4	10.7666	41	5	13.8588
22	3	7.6884	32	4	10.7806	42	5	13.8728
23	3	7.7024	33	4	10.7946	43	5	13.8868
24	3	7.7165	34	4	10.8086	44	5	13.9008
25	3	7.7305	35	4	10.8226	45	6	16.8670
26	3	7.7445	36	5	13.7888	46	6	16.8881
27	4	10.7106	37	5	8028	47	6	16.8950
28	4	10.7246	38	5	8168	48	6	16.9090
29	4	10.7386	39	5	13.8308	49	6	16.9230
30	4	10.7526	40	5	13.8448	50	6	16.9370

注：对于其他模数的齿轮，则将表中的数值乘以模数。

六、测量步骤

（1）按被测齿轮的模数 m、齿数 z 和基本齿廓角 α 等参数计算跨齿数 k 和公法线长度公称值 W_k。

（2）若使用公法线指示规测量，则选取几个量块，用其调整量仪指示表的示值零位；一般测量齿轮上均布的 6 条公法线长度，从公法线指示规的指示表上读取示值，其中最大值与最小值之差即为公法线长度变动 ΔE_W 的数值，这些示值的平均值即为公法线平均长度偏差 ΔE_w 的数值。

（3）若使用公法线千分尺测量，也是均布测 6 条公法线长度，从其中找出 W_{kmin} 和 W_{kmax}，则公法线长度变动 ΔF_W 和公法线长度偏差按下式计算：

$$\Delta F_W = W_{kmax} - W_{kmin} \tag{6-5}$$

$$\Delta E_{wmax} = W_{kmax} - W_k \tag{6-6}$$

$$\Delta E_{wmin} = W_{kmin} - W_k \tag{6-7}$$

（4）合格性条件为：

$$\Delta F_W \leqslant F_W \tag{6-8}$$

$$E_w \leqslant \Delta E_{wmax} \ \text{和} \ \Delta E_{wmin} \leqslant E_w \tag{6-9}$$

七、思考题

（1）测量公法线长度变动是否需要先用量块组将公法线卡规的指示表调整零位？

（2）测量公法线长度偏差，取平均值的原因何在？

（3）有一个齿轮经测量后确定：公法线平均长度偏差合格而公法线变动不合格，试分析其原因。

实验3　齿轮单个齿距偏差和累积总偏差的测量

一、概述

齿距偏差 Δf_{pt} 是指在分度圆上，实际齿距与公称齿距之差，可用于评定齿轮的工作平稳性。齿距累积误差 ΔF_p 是指在分度圆上，任意两个同侧齿面间的实际弧长与公称弧长的最大差值。齿距累积误差主要由几何偏心和运动偏心所引起，包含了径向误差和切向误差，能较全面地反映齿轮的运动精度。

Δf_{pt} 和 ΔF_p 的测量方法有相对法和绝对法两种，多采用相对法。用相对法测量时，首先以被测齿轮任意两相邻齿之间的实际齿距作为基准齿距调整仪器，然后顺序测量各相邻齿的实际齿距相对于基准齿距之差，称为相对齿距差。各相对齿距差与相对齿距差平均值之代数差，即为齿距偏差。取其中绝对值最大者作为被测齿轮的齿距偏差 Δf_{pt}；将它们逐个累积，即可求得被测齿轮的齿距累积误差 ΔF_p。

二、实验目的

（1）了解万能测齿仪的结构并熟悉使用它测量齿轮齿距偏差的方法。
（2）掌握采用相对法测量齿距偏差时数据的处理方法。

三、实验内容

用万能测齿仪测量齿轮单个齿距偏差和累积总偏差。

四、实验设备

本实验使用的仪器为万能测齿仪，该仪器可测量多个参数，如齿距、基节、公法线、齿厚、径向跳动等。本实验采用万能测齿仪测量齿距偏差和齿距累积误差。

万能测齿仪的基本技术性能指标见表 6-2。

基本技术性能指标　　　　　　　　　　　表 6-2

分度值	0.001mm
示值范围	±0.1mm
测量范围	$m＝1\sim10mm$
最大外径	300mm

万能测齿仪的外形如图 6-6（a）所示。量仪的弧形支架 7 可以绕基座 1 的垂直轴线旋转。弧形支架 7 上装有两个顶尖，用于安装被测齿轮。支架 2 可以在水平面内做纵向和横向移动，其上装有带测量装置的工作台 4。工作台 4 能够作径向移动，用锁紧螺钉 3 可以将工作台 4 固定在任何位置上。当松开锁紧螺钉 3 时，靠弹簧的作用，工作台 4 就匀速地移动到测量位置。测量装置 5 上有一个固定量爪 ［图 6-6（b）中的件 8］和一个能够与指

示表 6 测头接触的可移动量爪［图 6-6（b）中的件 9］，用这两个量爪分别与两个相邻同侧齿面接触来进行测量。

万能测齿仪可以用来测量齿轮的齿距、齿轮径向跳动、基节和公法线长度等。参看图 6-6（b），用万能测齿仪测量齿轮的齿距时，测量力是依靠连接在安装着被测齿轮心轴上的重锤 11 来保证的。

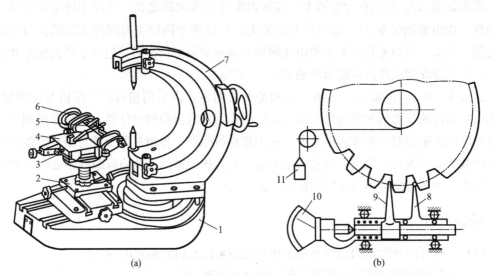

图 6-6　万能测齿仪

(a) 外形图；(b) 测量示意图

1—基座；2—支架；3—锁紧螺钉；4—工作台；5—测量装置；6—指示表；7—弧形支架；

8—固定的球端量爪；9—活动量爪；10—指示表；11—重锤

五、实验步骤

（1）参看图 6-6（a），把安装着被测齿轮的心轴顶在测量仪弧形支架 7 的两顶尖之间。移动工作台支架 2，并调整测量装置 5 上两个量爪的位置，使它们处于被测齿轮的相邻两个齿间内，且位于分度圆附近。

参看图 6-6（b），在心轴上挂上重锤 11，使被测齿轮一个齿面紧靠在固定的球端量爪 8 上。利用弹簧使活动量爪 9 与相邻的同侧齿面接触。

（2）参看图 6-6（a），以任意一个齿距作为基准齿距，调整指示表 6 的示值零位。调整时，切向移动测量装置 5，直到两个量爪分别与两个同侧齿面接触，且指示表指针被压缩。然后径向移动工作台 4，使量爪进出齿距几次，以检查指示表示值的稳定性。

（3）测完第一个齿距（基准齿距）并退出两个量爪后，将被测齿轮转过一齿，逐齿测量其余齿距相对于基准齿距的偏差 $\Delta f_{Pn相对}$，列表记录指示表的示值。测量了所有的齿距后，应复查指示表示值零位。

（4）根据测得的 n 个示值，按表 6-3 的示例处理测量数据，求解被测齿轮的 Δf_{Pn} 和 ΔF_P 的数值。

用计算法求齿距累积误差示例（μm）　　　　表 6-3

齿序步骤	相对齿距 $\Delta f_{Pn相对}$	相对齿距积累误差 $\Delta F_{P相对}$	齿距偏差 Δf_{Pn}	齿距积累误差 ΔF_P
1	0	0	+4	+4
2	+5	+5	+9	+13
3	+5	+10	+9	+22
4	+10	+20	+14	+36
5	−20	0	−16	+20
6	−10	−10	−6	+14
7	−20	−30	−16	−2
8	−18	−48	−14	−16
9	−10	−58	−6	−22
10	−10	−68	−6	−28
11	+15	−53	+19	−9
12	+5	−48	+9	0

六、数据处理

本实验主要计算齿距偏差和齿距累积偏差。数据处理主要内容如下：由相对齿距偏差计算齿距偏差；由计算得到的齿距偏差计算齿距累积总偏差。数据处理方法主要有计算法和图解法。

1. 计算法

（1）根据测得的相对齿距差 $\Delta f_{Pn相对}$，计算累积值 $\Delta F_{P相对} = \sum\limits_1^n \Delta f_{Pn相对}$，求出 K 值。

$$K = \frac{\sum\limits_1^n \Delta f_{Pn相对}}{n} = \left(\frac{-48}{12}\right)\mu m = -4\,\mu m \tag{6-10}$$

若 $\sum\limits_1^n \Delta f_{Pn相对}$ 能被齿数 n 整除（即 K 为整数），则齿距偏差累积到最后一齿时，其值应为零，若不能被整除，K 可取为整数，则最后一齿的齿距积累误差将不为零。此时，应将 $\sum\limits_1^n \Delta f_{Pn相对}/n$ 的余数分派到原始数据中，对数据进行修正，然后，再进行计算，就能使最后一齿的积累值为零。

（2）计算齿距偏差 Δf_{Pn}，找出绝对值最大的偏差值。

$$\Delta f_{Pn} = \Delta f_{Pn相对} - K \tag{6-11}$$
$$\Delta f_{Pmax} = +19\,\mu m$$

（3）计算齿距积累误差 $\sum\limits_1^n \Delta f_{pn}$，其中最大值与最小值之差即为齿距累积误差 ΔF_P。

$$\Delta F_p = \Delta F_{pmax} - \Delta F_{pmin} \tag{6-12}$$
$$\Delta F_p = [36 - (-28)] = 64\,\mu m$$

相对齿距差平均值

$$K = \frac{\sum_1^n \Delta f_{pn相对}}{n} = \left(\frac{-48}{12}\right) \mu m = -4 \mu m \qquad (6\text{-}13)$$

齿距偏差　　　　　　　　　　$\Delta f_{pmax} = +19 \mu m$

齿距积累误差　　　　　　　　$\Delta F_p = 64 \mu m$

2. 作图法

以横坐标代表齿序 n，纵坐标代表相对齿距累积误差 $\Delta F_{p相对}$，绘出如图 6-7 所示的误差曲线。过首末两点作一条直线，则误差曲线相对于首末两点连线的最大值与最小值之差即为齿距累积误差 ΔF_p。

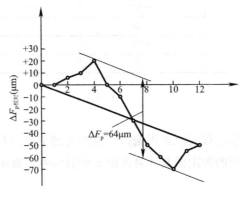

图 6-7　齿距误差曲线

七、思考题

（1）用相对法测量齿距时，指示表是否一定要调零？

（2）单个齿距偏差和齿距累积总偏差对齿轮传动各有什么影响？

实验4　齿轮径向跳动的测量

一、概述

齿轮径向跳动是指各齿间的固定弦到其旋转轴心线间距离的最大变动量，该值主要用来评定由齿轮几何偏心所引起的径向误差，齿轮径向跳动在齿轮传动中将影响齿轮传递运动的准确性，它是评价齿轮传动精度的指标之一。

齿轮径向跳动常用测量方法是直接法测量，可通过跳动检查仪、万能测齿仪、偏摆仪等，采用齿轮加装心轴并顶尖装夹的方法。选择合适的测头安置在齿槽中，一般测头直径为 1.68 倍的齿轮模数。测头与百分表连接，齿轮旋转一周，百分表的最大跳动量即为齿圈径向跳动误差。也可采用间接法测量，即用标准齿轮与被测齿轮啮合，通过标准齿轮所在轴的偏移量来确定齿轮径向跳动的偏差。直接法测量时，影响齿轮径向跳动测量精度的因素有齿轮安装偏心、测量心轴偏心及仪器本身精度。由于测量齿圈径向跳动需要事先制作心轴，对心轴的制造精度、心轴与齿轮的安装精度及顶尖的同轴度都有很高的要求。

二、实验目的

（1）了解卧式或立式齿轮径向跳动测量仪的结构并熟悉它的使用方法。
（2）加深对齿轮径向跳动的定义的理解。

三、实验要求

用卧式齿轮径向跳动测量仪与立式齿轮径向跳动测量仪测量齿圈径向跳动误差。

四、实验设备

1. 卧式齿轮径向跳动测量仪

卧式齿轮径向跳动测量仪的外形如图 6-8 所示。测量时，把被测齿轮 13 用心轴 4 安装在两个顶尖座 7 的顶尖 5 之间（齿轮基准孔与心轴呈无间隙配合，用心轴轴线模拟体现该齿轮的基准轴线），或把齿轮轴直接安装在两个顶尖之间。指示表 2 的位置固定后，使安装在指示表测杆上的球形测头或圆锥角等于 2α（α 为标准压力角）的锥形测头在齿槽内与接近齿高中部与该齿槽左、右齿面接触。测头尺寸的大小应与被测齿轮的模数相适应，以保证测头在接近齿高中部与齿槽双面接触。用测头逐齿槽地测量它相对于齿轮基准轴线的径向位移，该径向位移由指示表 2 的示值反映出来。指示表的最大与最小示值之差即为齿轮径向跳动 ΔF_r 的数值。

2. 立式齿轮径向跳动测量仪

立式齿轮径向跳动测量仪的外形如图 6-9 所示。测量时，把被测齿轮 11 用心轴 12 安装在顶尖架的两个顶尖 10 与 13 之间（齿轮基准孔与心轴呈无间隙配合，用心轴模拟体现该齿轮的基准轴线），或把齿轮轴直接安装在两个顶尖之间。指示表 2 的位置固定后，使安装在指示表测杆上的球形测头或圆锥角等于 2α（α 为标准压力角）的锥形测头在齿槽内与接近齿高中部与左、右齿面接触。测头尺寸的大小应与被测齿轮的模数相适应，以保证测头在接近齿高中部与齿槽双面接触。用测头逐齿槽地测量它相对于齿轮基准轴线的径向位移，该径向位移由指示表 2 的示值反映出来。指示表的最大示值与最小示值之差即为齿轮径向跳动 ΔF_r 的数值。

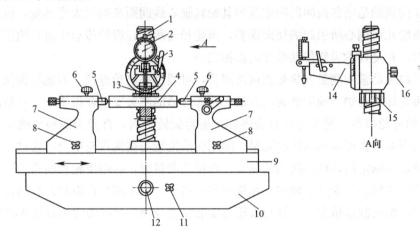

图 6-8　卧式齿轮径向跳动测量仪

1—立柱；2—千分表；3—指示表测量扳手；4—心轴；5—顶尖；6—顶尖锁紧螺钉；7—左、右顶
尖座；8—顶尖座锁紧螺钉；9—滑台；10—底座；11—滑台锁紧螺钉；12—滑台移动手轮；
13—被测齿轮；14—指示表表架；15—升降螺母；16—指示表表架锁紧螺钉

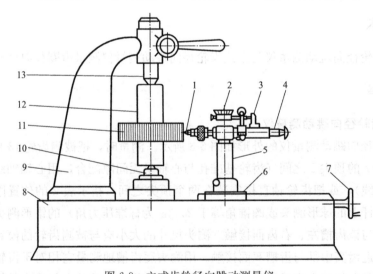

图 6-9　立式齿轮径向跳动测量仪

1—球形或锥形测头；2—指示表；3—挡块；4—测量杆；5—滑柱；6—滑座；7—手轮；
8—底座；9—支架；10—下顶尖；11—被测齿轮；12—心轴；13—上顶尖

五、测量原理

齿轮径向跳动 ΔF_r 是指将测头相继放入被测齿轮每个齿槽内，于接近齿高中部的位置与左、右齿面接触时，从它到该齿轮基准轴线的最大距离与最小距离之差，如图 6-10 所示。

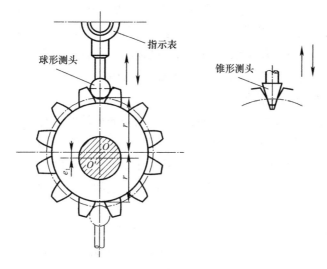

图 6-10　齿轮径向跳动

O—加工齿轮时的回转轴线；O'—齿轮基准孔的轴线（测量基准）；r—测量半径；e_1—几何偏心

齿轮径向跳动属于齿轮的非强制性检测精度指标。按《圆柱齿轮 ISO 齿面公差分级制 第 1 部分：齿面偏差的定义和允许值》GB/T 10095.1—2022、《圆柱齿轮 ISO 齿面公差分级制 第 2 部分：径向综合偏差的定义和允许值》GB/T 10095.2—2023 的规定，在一定条件下，它可以用来评定齿轮传递运动的准确性。合格条件是：被测齿轮的 ΔF_r 不大于齿轮径向跳动允许值 F_r（$\Delta F_r \leqslant F_r$）。

六、实验步骤

1. 卧式齿轮径向跳动测量仪

（1）在量仪上调整指示表的球形或锥形测头与被测齿轮的相对位置

如图 6-8 所示，根据被测齿轮的模数，选择尺寸合适的球形或锥形测头，把它安装在千分表 2 的测杆上。

把被测齿轮 13 安装在心轴 4 上（该齿轮的基准孔与心轴成无间隙配合），然后把该心轴安装在两个顶尖 5 之间。注意调整这两个顶尖之间的距离，使心轴无轴向窜动，且能转动自如。松开滑台锁紧螺钉 11，转动滑台移动手轮 12，使滑台 9 移动，以便使测头大约位于齿宽中间。然后，将滑台锁紧螺钉 11 锁紧。

（2）调整量仪指示表的示值零位

如图 6-8 所示，放下指示表测量扳手 3，松开指示表表架锁紧螺钉 16，转动升降螺母 15，使指示表测头随指示表表架 14 沿立柱 1 下降到与某个齿槽双面接触。把千分表 2 的指针压缩（正转）1～2 转，然后旋紧指示表表架锁紧螺钉 16，使指示表表架 14 的位置固定。转动指示表的表盘（分度盘），把表盘的零刻线对准指示表的长指针，确定指示表的示值零位。

（3）测量

如图 6-8 所示，抬起指示表测量扳手 3，使千分表 2 升高，把被测齿轮 13 转过一个齿槽。然后，放下指示表测量扳手 3，使测头进入这个齿槽内，与这个齿槽双面接触，并记下指示表的示值。这样逐齿槽地依次测量所有的齿槽，从各次示值中找出最大示值和最小示值，它们的差值即为被测齿轮的径向跳动 ΔF_r 的数值。

2. 立式齿轮径向跳动测量仪

（1）在量仪上调整测量杆的球形或锥形测头与被测齿轮的相对位置

如图 6-9 所示，根据被测齿轮的模数，选择尺寸合适的球形或锥形测头 1，把它安装在测量杆 4 的左端。把被测齿轮 11 安装在心轴 12 上（该齿轮的基准孔与心轴呈无间隙配合）。然后，将心轴 12 安装在上顶尖 13 与下顶尖 10 之间。注意调整这两个顶尖之间的距离，使心轴无轴向窜动，且能转动自如。

挡块 3 与测量杆 4 是一个整体。调整指示表（百分表）2 的位置，以便使它的测头与挡块 3 接触。当测量杆 4 移动时，位置固定的指示表 2 的指针就随之转动。测量杆 4、球形或锥形测头 1、挡块 3 和指示表 2 共同构成量仪的读数装置。上下移动滑柱 5，调整读数装置的垂直位置使球形或锥形测头 1 大约位于齿宽中间。

（2）调整量仪指示表的示值零位

前后移动指示表 2，使指示表的测头与测量杆 4 上的挡块 3 接触，并使指示表的指针压缩（正转）2~3 转，然后将指示表的位置加以固定。转动手轮 7，将滑座 6 移向被测齿轮 11，使球形或锥形测头 1 进入某个齿槽，与该齿槽双面接触。当测量杆 4 后退到使指示表 2 的指针反转 1~2 转时，把装着读数装置的滑座 6 的位置加以固定。转动指示表 2 的表盘（分度盘），将表盘的零刻线对准指示表的长指针，确定指示表 2 的示值零位，并把这个齿槽作为第一个齿槽。

（3）测量

用手向后拉动测量杆 4，使球形或锥形测头 1 退出第一个齿槽，把被测齿轮转过一个齿槽，再把球形或锥形测头 1 伸进下一个齿槽，与该齿槽双面接触，并记下指示表的示值。这样逐齿槽地依次测量所有的齿槽，从各次示值中找出最大示值与最小示值，它们的差值即为被测齿轮的径向跳动 ΔF_r 的数值。

七、思考题

（1）径向跳动 ΔF_r 反映齿轮的哪些加工误差？

（2）径向跳动 ΔF_r 可以用什么评定指标代替？

实验5　齿轮齿廓总偏差的测量

一、概述

齿廓形状偏差反映了加工机床展成运动的精度。通常情况下，齿廓形状偏差是齿轮加工中形成的，由于齿廓形状偏差的存在，直接影响齿面接触质量，使齿面局部过载，局部齿面严重磨损，甚至造成轮齿断裂。

齿廓偏差测量的通常做法是根据渐开线形成原理，通过机械或电子展成的方法形成理论渐开线，然后由测头记录实际齿廓跟理论渐开线的偏差，目前常用的典型仪器是渐开线测量仪。不同于展成测量原理的三坐标测量机、光学测量仪器在齿轮测量中也得到越来越多的应用。

二、实验目的

（1）了解齿廓偏差的测量原理。
（2）了解单盘式渐开线测量仪的结构并熟悉它的使用方法。
（3）加深对齿廓总偏差的定义的理解。

三、实验要求

用单盘式渐开线测量仪测量齿轮齿廓总偏差。

四、实验设备

齿廓偏差的专用量仪有单盘式和万能式渐开线测量仪两种。单盘式对每种规格的被测齿轮都需要一个专用的基圆盘；而万能式则不需专用的基圆盘，但其结构复杂，价格昂贵。本实验采用单盘式渐开线测量仪。

1. 单盘式渐开线测量仪的测量原理

参看图 6-11（a）所示的齿廓偏差测量原理图。按被测齿轮 3 的基圆直径 d_b 精确制造的基圆盘 2 与被测齿轮 3 同轴安装，基圆盘 2 与相当于发生线的直尺 1 利用弹簧以一定的压力相接触。测量过程中，直尺 1 做直线运动，借摩擦力带动基圆盘 2 旋转，两者作纯滚动。因此，直尺工作面上与基圆盘相切的最初接触的切点相对于基圆盘运动的轨迹便是一条理论渐开线。测量开始时，直尺的 P′ 点与基圆盘的 B′ 点接触，以后两者在 A′ 点接触。P′ 点相对于基圆盘运动的轨迹就是直尺从 B′ 点运动到 P′ 点的一段曲线 B′P′，这就是一条理论渐开线。

直尺 1 做直线运动时，被测齿轮 3 与基圆盘 2 同步转动。测量开始时，杠杆 4 一端的测头与实际被测齿面的接触点正好落在直尺与基圆盘最初接触的切点上。杠杆 4 的另一端与指示表的测头接触，或者与记录器的记录笔连接。

当直尺 1 与基圆盘 2 沿箭头方向作纯滚动时，杠杆 4 一端的测头沿实际被测齿面从 B

点移动到 P 点。若实际被测齿面有齿廓偏差，则该测头就会相对于该实际被测齿面作微小摆动，摆动量反映给指示表的测头，由指示表指针的示值读出，或者反映给记录器的记录笔，由该记录笔画出该实际齿面的齿廓偏差曲线（即齿廓迹线）。

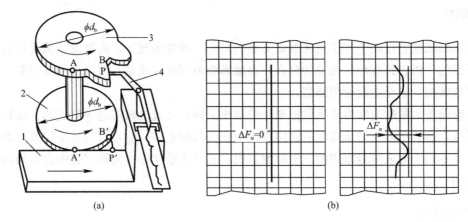

图 6-11　在单盘式渐开线测量仪上测量齿廓偏差

（a）测量原理图；（b）齿廓偏差曲线（齿廓迹线）

1—直尺；2—基圆盘；3—被测齿轮；4—杠杆

　　如果 BP 齿廓的形状与 BP 轨迹一致，则杠杆 4 不摆动，这表示齿廓偏差为零，杠杆 4 另一端的记录笔笔尖遂在记录纸上画出一条与走纸方向平行的直线，它代表理论渐开线的展开图（见图 6-11（b）的左图）。当 BP 廓的形状与 BP 轨迹不一致时，杠杆 4 就会摆动，这表示实际被测齿面有齿廓偏差，笔尖遂在记录纸上画出一条不规则的曲线或者画出一条与走纸方向不平行的直线，它就是齿迹线（见图 6-11（b）的右图）。齿廓总偏差的数值为笔尖的摆动范围所代表的数值。在记录纸上画出平行于走纸方向来包容齿廓迹线且距离为最小的两条平行线（设计齿廓迹线），这两条平行线间的距离所代表的数值即为齿廓总偏差 $\Delta F_{\alpha \max}$ 的数值。

2. 单盘式渐开线测量仪的结构

　　单盘式渐开线测量仪的外形如图 6-12 所示。它由底座 16、纵滑板 8 和横滑板 13 三部分组成。纵滑板 3 上装有直尺 9 和测量装置；横滑板 13 上装有心轴 2，心轴 2 上装有被测齿轮基圆盘 3、被测齿轮 14 和齿廓展开角指针 11。

五、实验原理

　　在齿轮端平面内且在垂直于渐开线齿廓的方向上测得的实际齿廓对设计齿廓的偏离量叫作齿廓偏差。设计齿廓可以是理论渐开线或修形的渐开线。在专用量仪上测量齿廓偏差时得到的记录图上的齿廓偏差曲线称为齿廓迹线。齿廓总偏差 ΔF_{α} 是指在齿廓计值范围内（从齿廓有效长度内扣除齿顶倒棱部分），最小限度地包容实际齿廓迹线的两条设计齿廓迹线间的距离。齿廓偏差可以用渐开线测量仪将实际齿廓与该量仪形成的理论渐开线比较而测得。

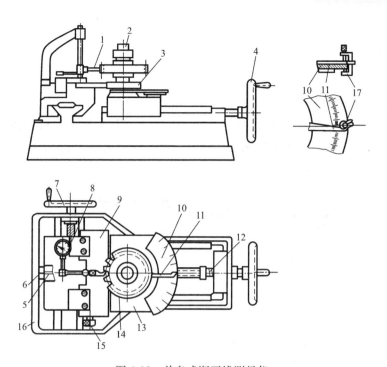

图 6-12　单盘式渐开线测量仪

1—杠杆；2—心轴；3—被测齿轮基圆盘；4、7—手轮；5—纵滑板中心指示线；6—底座中心
指示线；8—纵滑板；9—直尺；10—齿廓展开角指示盘；11—齿廓展开角指针；12—弹簧；
13—横滑板；14—被测齿轮；15—螺钉；16—底座；17—指针夹

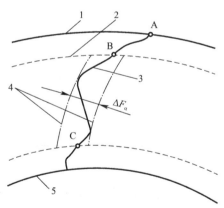

图 6-13　齿廓偏差

1—齿顶圆；2—齿顶修圆起始圆；3—实际齿廓；4—设计齿廓；5—齿根圆；
AC—齿廓有效长度；AB—倒棱部分；BC—工作部分（齿廓计值范围）；ΔF_α—齿廓总偏差

参看图 6-13，包容实际齿廓 3 工作部分且距离为最小的两条设计齿廓 4 之间的法向距
离为齿廓总偏差 ΔF_α。

按《圆柱齿轮 ISO 齿面公差分级制　第 1 部分：齿面偏差的定义和允许值》GB/T
10095.1—2022 的规定，ΔF_α 是评定齿轮传动平稳性的强制性检测精度指标。合格条件
是：取所测各个齿面的 ΔF_α 中的最大值 $\Delta F_{\alpha max}$ 作为评定值，$\Delta F_{\alpha max}$ 不大于齿廓总偏差允

许值 F_α（$\Delta F_{\alpha max} \leqslant F_\alpha$）。

六、实验步骤

1. 确定齿廓的测量范围

测量齿廓偏差时，只需测量齿面的工作部分。对于不同标准压力角 α 和变位系数 x 的齿轮，量仪以展开角来确定齿廓的测量范围。现将标准压力角为 20° 的标准齿轮与齿条啮合计算得到的齿廓展开角列于表 6-4。

齿廓展开角（标准压力角 $\alpha = 20°$；变位系数 $x = 0$） 表 6-4

齿数 z	起始点展开角 ϕ_0	终止点展开角 ϕ_n	有效展开角 ϕ	齿数 z	起始点展开角 ϕ_0	终止点展开角 ϕ_n	有效展开角 ϕ
17	0°	6.893°	36.893°	34	10.367°	29.751°	19.384°
18	1.046°	36.152°	35.106°	35	10.667°	29.528°	18.861°
19	2.088°	35.479°	33.391°	36	10.950°	29.316°	18.366°
20	3.027°	34.866°	31.839°	37	11.218°	29.115°	17.897°
21	3.876°	34.304°	30.428°	38	11.471°	28.923°	17.452°
22	4.647°	33.787°	29.140°	39	11.712°	28.740°	17.028°
23	5.352°	33.310°	27.958°	40	11.940°	28565°	16.625°
24	5.998°	32.868°	26.870°	41	12.158°	28.398°	16.240°
25	6.592°	32.458°	25.866°	42	12.365°	28.238°	15.873°
26	7.141°	32.076°	24.935°	43	12.562°	28.085°	15.523°
27	7.649°	31.718°	24.070°	44	12.751°	27.938°	15.188°
28	8.120°	31.384°	23.264°	45	12.931°	27.797°	14.867°
29	8.559°	31.070°	22.511°	46	13.103°	27.662°	14.559°
30	8.969°	30.775°	21.806°	47	13.268°	27.532°	14.264°
31	9.352°	30.497°	21.144°	48	13.426°	27.407°	13.981°
32	9.712°	30.234°	20.523°	49	13.578°	27.287°	13.709°
33	10.050°	29.986°	19.937°	50	13.723°	27.171°	13.448°

2. 调整量仪

调整量仪时，参看图 6-14，首先把量仪的调试基圆盘 3 和样板 19 先后安装在心轴 2 上（图 6-12），调试基圆盘放在下面，样板放在上面。

如图 6-12 所示，调整的目的是调整杠杆 1 测头的伸出长度，使它的端点恰好落在调试基圆盘 3 与直尺 9 的切点上。同时，在此位置上将指示表的指针压缩（正转）约半转，确定指示表的示值零位；并将展开角指针 11 指向齿廓展开角指示盘 10 的零度刻线。

调整步骤如下：

（1）如图 6-12 所示，转动手轮 7，使纵滑板中心指示线 5 与底座中心指示线 6 对齐。

（2）调整杠杆 1 测头的伸出长度。如图 6-14 所示，将样板 19 的圆弧面 A 正对杠杆 1 的测头。转动如图 6-12 所示手轮 4 使如图 6-14 所示调试基圆盘 3 和样板 19 同时靠近直尺 9。利用杠杆 1 上的螺母 18 调整其测头伸出长度，并轻轻地来回摆动杠杆测头，直至调试基圆盘 3 与直尺 9 紧密接触时杠杆测头的端点恰好与样板的圆弧面 A 相切为止。然后，把螺母 18 紧固，并使样板向后退。

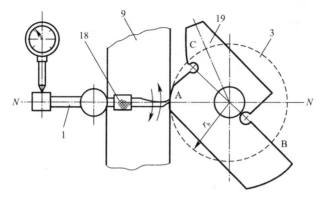

图 6-14　调整杠杆测头伸出长度（r_b—基圆半径）

1—杠杆；3—调试基圆盘；9—直尺；18—螺母；19—样板；

（3）确定指示表的示值零位。将如图 6-12 所示展开角指针 11 拨到齿轮展开角指示盘 10 的零度刻线，并用指针夹 17 将该指针与指示盘固定。然后，如图 6-15，将样板 19 的径向平面 B 转动到垂直于直尺 9 的方向，并且与杠杆 1 测头的端点接触，将指示表的指针压缩（正转）约半转。再转动如图 6-12 所示手轮 4 使样板做横向往复移动，观察指示表的指针是否摆动。如果摆动，则松开指针夹 17，重新调整样板径向平面 B 的位置，直至样板横向移动时指示表指针不动为止。转动指示表的表盘（分度盘），把表盘的零刻线对准指针，以这时指示表指针所示的示值为零位示值。之后，使样板向后退。

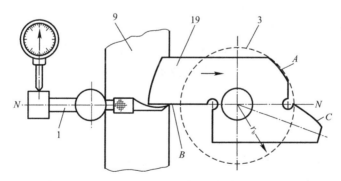

图 6-15　确定指示表示值零位

1—杠杆；3—调试基圆盘；9—直尺；19—样板

（4）如图 6-16，将样板 19 的理论渐开线齿面 C 转向杠杆 1 的测头，转动如图 6-12 所示手轮 4 使如图 6-16 所示调试基圆盘 3 与直尺 9 压紧并使齿面 C 与杠杆 1 测头的端点接触，同时使指示表指针所指示的示值恢复为上述第（3）步骤调整到的零位示值。松开如图 6-12 所示指针夹 17，转动手轮 7 使直尺 9 移动，则它与调试基圆盘作纯滚动。在直尺移动过程中，指示表指针所指示的示值对零位示值的偏差应在 ±1μm 范围内，这表示量仪调整正确。

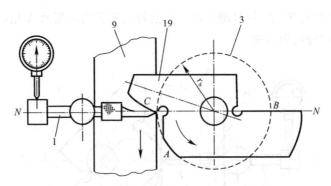

图 6-16　用样板渐开线检查指示表示值零位调整的正确性

1—杠杆；3—调试基圆盘；9—直尺；19—样板

3. 测量被测齿面

（1）如图 6-12 所示，反向转动手轮 4 和转动手轮 7，取下调试基圆盘和样板，将被测齿轮基圆盘 3 和被测齿轮 14 安装在心轴 2 上。将心轴上的螺母稍加旋紧，以备调整时被测齿轮尚能在心轴上转动。

（2）如图 6-12 所示，转动手轮 7，使两条中心指示线 5 与 6 对齐；将展开角指针 11 对准齿廓展开角指示盘 10 的零度刻线。转动手轮 4 使被测齿轮基圆盘 3 与直尺 9 紧贴（它们接触后，还需把手轮 4 继续旋转半转）。

（3）如图 6-12 所示，在心轴 2 上转动被测齿轮 14，使实际被测面与杠杆 1 测头的端点接触，同时使指示表示值恢复为零位示值。然后旋紧心轴上的螺母，以压紧被测齿轮，使它与心轴不能产生相对运动。

（4）如图 6-12 所示，转动手轮 7 将实际被测廓展开。从起始展开角 ϕ_0 开始，在有效展开角中 ϕ 范围内，按实际被测齿面的测点数目 n，被测齿轮每转过 ϕ/n，读取指示表上的相应示值。在整个中角范围内指示表最大与最小示值之差即为齿廓总偏差 F_a 的数值。

在被测齿轮圆周上测量均布的三个轮齿或更多轮齿左、右齿面的齿廓总偏差，取其中的最大值作为评定值。

七、思考题

（1）本实验中如何实现基圆盘与直尺间的纯滚动？

（2）量仪上杠杆测头端点的位置调整不准确对齿廓偏差的测量结果有什么影响？

实验6　齿轮螺旋线总偏差的测量

一、概述

螺旋线总偏差既是齿轮国家标准《圆柱齿轮 ISO 齿面公差分级制 第 1 部分：齿面偏差的定义和允许值》GB/T 10095.1—2022 必检项目之一，也是齿轮国际标准〔ISO1328-1：2013（E）〕默认检查项目之一，还是我国《标准齿轮检定规程》JJG 1008—2006 规定的标准齿轮精度划分依据之一。旋线参数、渐开线参数和齿距参数共同构成齿轮基本测量参数，用于完整地评定单个齿轮的精度。

齿轮螺旋线偏差的常规测量方法有标准轨迹法和坐标法。标准轨迹法以被测齿轮回转轴线为基准，通过精密传动机构（直尺、基圆盘、放大机构及分度机构）形成理论螺旋线轨迹，被测齿轮的回转和测头沿轴向的移动则描绘出实际螺旋线轨迹，两轨迹相比较得出螺旋线偏差。常见的测量仪器有齿轮径向跳动测量仪、单盘式渐开线螺旋检查仪、分级圆盘式渐开线螺旋检查仪、杠杆圆盘式万能渐开线螺旋检查仪和导程仪。坐标法同样以被测齿轮回转轴线为基准，通过测角装置（分度盘、圆光栅）和测长装置（激光、长光栅）测量螺旋线的实际回转坐标和实际轴向坐标，并与其理论坐标值对比得出螺旋线偏差。常见的测量仪器有三坐标测量机、齿轮测量中心和齿轮螺旋线测量装置等。

二、实验目的

（1）熟悉使用卧式齿轮径向跳动测量仪测量直齿圆柱齿轮螺旋线总偏差（轮齿螺旋角为零度）的方法。

（2）加深对齿轮螺旋线总偏差定义的理解。

三、实验内容

用卧式齿轮径向跳动测量仪测量直齿圆柱齿轮螺旋线总偏差。

四、实验设备

直齿轮的螺旋线偏差可以用卧式齿轮径向跳动测量仪和杠杆型千分表测量，如图 6-17 所示。被测直齿轮 1 安装在心轴 5 上（该齿轮的基准孔与心轴成无间隙配合），心轴 5 安装在顶尖座 3 与 6 的顶尖之间。这两个顶尖的公共中心线体现被测直齿轮 1 的基准轴线。测量时，杠杆型千分表 2 的测头与被测齿轮 1 的齿面在接近分度圆的圆上接触，在该齿轮不转动的条件下，使实际被测齿面与测头在齿宽计值范围内，从一端 A 点到另一端 B 点或者从 B 点到 A 点，作相对轴向直线运动，测取这千分表示值中最大与最小示值的差值它是齿轮端面分度圆弧长的数值（$\Delta F_{\beta(\text{分度圆})}$）。将它乘以 $\cos\alpha$（α 为标准压力角）就得到螺旋线总偏差的数值（端面基圆切线方向上的数值）。

利用能使被测齿轮齿面与指示表测头沿该齿轮基准轴线作相对轴向移动的其他量仪或

测量装置也能实现上述测量。

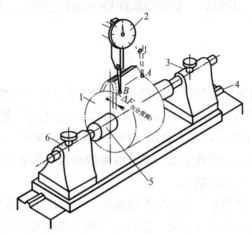

图 6-17　直齿轮螺旋线总偏差测量示意图
1—被测齿轮；2—杠杆型千分表；3、6—顶尖座；4—底座；5—心轴

卧式齿轮径向跳动测量仪的外形如图 6-8 所示。被测盘形齿轮安装在心轴 4 上（该齿轮的基准孔与心轴成无间隙配合，用心轴轴线模拟体现该齿轮的基准轴线），把装着被测齿轮的心轴安装在两个顶尖座 7 的顶尖 5 之间；而被测齿轮轴则直接安装在这两个顶尖座的顶尖之间。顶尖座滑台 9 可以在底座 10 的导轨上沿被测齿轮基准轴线的方向移动。立柱 1 上装有指示表表架 14，它可以沿该立柱上下移动和绕该立柱转动。

测量直齿圆柱齿轮的螺旋线总偏差时，使杠杆型千分表 2 的测头与实际被测齿面在接近分度圆的圆上接触。松开锁紧螺钉 11，转动手轮 12，使顶尖座滑台 9 在底座 10 的导轨上移动，在齿宽计值范围内进行测量。

五、实验原理

在齿轮端面基圆切线方向测得的实际螺旋线对设计螺旋线的偏离量叫作螺旋线偏差。在专用量仪上测量螺旋线偏差时得到的记录图上的螺旋线偏差曲线称为螺旋线迹线。齿轮螺旋线总偏差 ΔF_β 是指在计值范围内（在齿宽上从轮齿两端各扣除倒角或修缘部分），最小限度地包容实际螺旋线迹线的两条设计螺旋线迹线间的距离。

按《圆柱齿轮 ISO 齿面公差分级制 第 1 部分：齿面偏差的定义和允许值》GB/T 10095.1—2022 的规定，ΔF_β 是评定轮齿载荷分布均匀性的强制性检测精度指标。合格条件是：取所测各齿面的 ΔF_β 中的最大值 $\Delta F_{\beta max}$ 作为评定值，$\Delta F_{\beta max}$ 不大于螺旋线总偏差允许值 F_β（$\Delta F_{\beta max} \leqslant \Delta F_\beta$）。

对于直齿轮，轮齿螺旋角等于 0。因此，其设计螺旋线是一条直线，它平行于齿轮基准轴线。参看图 6-18，直齿轮的螺旋线总偏差 ΔF_β。是指在基圆柱的切平面内，在计值范围内包容实际螺旋线（实际齿向线）且距离为最小的两条设计螺旋线（直线）之间的法向距离。

六、实验步骤

1. 在量仪上安装被测齿轮

如图 6-8 所示，转动滑台移动手轮 12，使顶尖座滑台 9 移动到底座 10 的中间位置，然后旋紧滑台锁紧螺钉 11 加以固定按被测齿轮的心轴（或被测齿轮轴）的长度和操作要求，先将左顶尖座 7 固定在滑台 9 上，并将其上的顶尖固定。之后，调整右顶尖座 7 的位置，以使在利用其上弹簧顶尖来顶住心轴（或被测齿轮轴）的中心孔时，该心轴不能轴向窜动。在进行上述操作时，应使顶尖伸出顶尖套筒孔的部分尽量短些。在测量过程中，要防止被测齿轮转动。

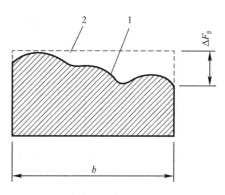

图 6-18　直齿轮的螺旋线总偏差 ΔF_β
1—实际螺旋线；2—设计螺旋线；
b—齿宽

2. 安装和调整杠杆型千分表

将杠杆型千分表 2 安装在指示表表架 14 的表夹中。转动升降螺母 15，使指示表表架 14 沿立柱 1 上下移动并绕该立柱转动，以使千分表 2 的测头与实际被测齿面在接近分度圆的圆上接触，这时将千分表 2 的指针压缩（正转）约 1/4 转，转动表盘（分度盘），使表盘的零刻线对准指针，确定千分表 2 的示值零位。

3. 测量

旋松滑台锁紧螺钉 11，转动滑台移动手轮 12，使顶尖座滑台 9 移动，在齿宽计值范围内进行测量。读取千分表 2 指示的最大与最小示值，将它们的差值乘以 $\cos\alpha$ 就是实际被测齿面的螺旋线总偏差 ΔF_β 的数值。

抬起指示表测量扳手 3，使千分表 2 升高。把被测齿轮 13 转过一定的角度。然后，放下指示表测量扳手 3，使测头进入另一个齿槽内，与这个齿槽的实际被测齿面接触，并在齿宽计值范围内进行测量。

应在被测齿轮圆周上测量均布的三个轮齿或更多轮齿左、右齿面的螺旋线总偏差，取其中的最大值 $\Delta F_{\beta\max}$ 作为评定值。

七、思考题

（1）齿轮螺旋线总偏差主要是在加工齿轮时由齿轮坯和切齿机床的什么误差产生的？

（2）为什么同一轮齿左右齿面的螺旋线总偏差的数值或走向不一定相同？

实验7 齿轮齿厚误差测量

一、概述

齿轮啮合时，非工作齿面应留有侧隙，如图 6-19 所示。侧隙是为了存储润滑油、补偿齿轮热膨胀、变形及误差。齿轮副侧隙的大小与齿轮齿厚减薄量有着密切关系。齿轮齿厚减薄量可以用齿厚偏差或公法线长度偏差来评定。

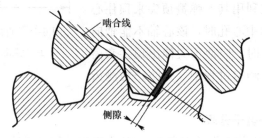

图 6-19　齿轮副侧隙

对于直齿轮，齿厚偏差 f_{sn} 是指在分度圆柱面上，实际齿厚与公称齿厚（齿厚理论值）之差，如图 6-20 所示。对于斜齿轮，则是指法向实际齿厚与公称齿厚之差。

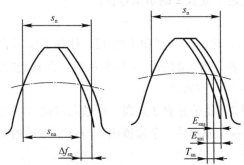

图 6-20　齿厚偏差和齿厚极限偏差

s_n—公称齿厚；s_{na}—实际齿厚；Δf_{sn}—齿厚偏差；E_{sns}—齿厚允许的上偏差；

E_{sni}—齿厚允许的下偏差；T_{sn}—齿厚公差

按照定义，齿厚以分度圆弧长计值（弧齿厚），但弧长不便于测量。因此，实际上是按分度圆上的弦齿高定位来测量弦齿厚的。

二、实验目的

（1）熟练掌握测量齿轮齿厚的方法。

（2）加深对齿轮齿厚误差定义的理解。

三、实验内容

用齿厚游标卡尺测量齿轮的齿厚误差。

四、计量器具及测量原理

齿厚误差 ΔE_{sn} 是指在分度圆柱面上法向齿厚的实际值与公称值之差。

测量齿厚误差的齿厚游标卡尺如图 6-21 所示，它由两套相互垂直的游标卡尺组成。其中垂直游标卡尺用于控制测量部位（分度圆至齿顶圆）的弦齿高 h_f，水平游标卡尺用于测量所测部位（分度圆）的弦齿厚 s_f。齿厚游标卡尺的分度值为 0.02mm，其原理和读数方法与普通游标卡尺相同。

用齿厚游标卡尺测量齿厚误差，是以齿顶圆为基准的。当齿顶圆直径为公称值时，直齿圆柱齿轮分度圆处的弦齿高 h_f 和弦齿厚 s_f 由图 6-22 可得：

$$h_f = h' + x = m + \frac{zm}{2}\left(1 - \cos\frac{90°}{z}\right) \tag{6-14}$$

$$s_f = zm\sin\frac{90°}{z} \tag{6-15}$$

式中，m 为齿轮模数（mm）；z 为齿轮齿数。

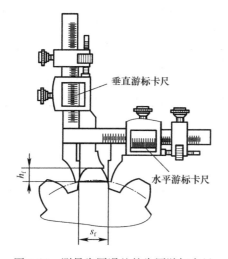

图 6-21 测量齿厚误差的齿厚游标卡尺

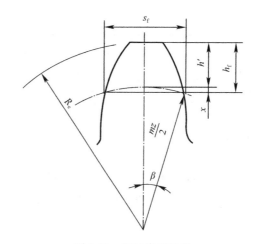

图 6-22 测量齿厚误差

五、实验步骤

（1）用外径千分尺测量齿顶圆的实际直径。

（2）计算分度圆处弦齿高 h_f 和弦齿厚 s_f（可查表 6-5）。

（3）按 h_f 值调整齿厚游标卡尺的垂直游标卡尺。

（4）将齿厚游标卡尺置于被测齿轮上，使垂直游标卡尺的高度尺与齿顶相接触。然后移动水平游标卡尺的卡脚，使卡脚靠近齿廓。从水平游标卡尺上读出弦齿厚的实际尺寸（用透光法判断接触情况）。

（5）分别在圆周上相隔相同个数的轮齿进行测量。

（6）按齿轮图样标注的技术要求，确定齿厚上偏差 E_{sns} 和下偏差 E_{sni}，判断被测齿厚的适用性。

m＝1mm 分度圆处弦齿高和弦齿厚的数值（单位：mm）　　　　表 6-5

z	弦齿高 h_f	弦齿厚 s_f	z	弦齿高 h_f	弦齿厚 s_f	z	弦齿高 h_f	弦齿厚 s_f
11	1.5655	1.0560	29	1.5700	1.0213	47	1.5705	1.0131
12	1.5663	1.0513	30	1.5701	1.0205	48	1.5705	1.0128
13	1.5669	1.0474	31	1.5701	1.0199	49	1.5705	1.0126
14	1.5673	1.0440	32	1.5702	1.0193	50	1.5705	1.0124
15	1.5679	1.0411	33	1.5702	1.0187	51	1.5705	1.0121
16	1.5683	1.0385	34	1.5702	1.0181	52	1.5706	1.0119
17	1.5686	1.0363	35	1.5703	1.0176	53	1.5706	1.0116
18	1.5688	1.0342	36	1.5703	1.0171	54	1.5706	1.0114
19	1.5690	1.0324	37	1.5703	1.0167	55	1.5706	1.0112
20	1.5692	1.0308	38	1.5703	1.0162	56	1.5706	1.0110
21	1.5693	1.0294	39	1.5704	1.0158	57	1.5706	1.0108
22	1.5694	1.0280	40	1.5704	1.0154	58	1.5706	1.0106
23	1.5695	1.0268	41	1.5704	1.0150	59	1.5706	1.0104
24	1.5696	1.0257	42	1.5704	1.0146	60	1.5706	1.0103
25	1.5697	1.0247	43	1.5705	1.0143	61	1.5706	1.0101
26	1.5698	1.0237	44	1.5705	1.0140	62	1.5706	1.0100
27	1.5698	1.0228	45	1.5705	1.0137	63	1.5706	1.0098
28	1.5699	1.0220	46	1.5705	1.0134	64	1.5706	1.0096

注：对于其他模数的齿轮，可将表中的数值乘以模数。

六、思考题

（1）齿厚极限偏差（E_{sns}、E_{sni}）和公法线平均长度极限偏差（E_{ws}、E_{wi}）有何关系？

（2）齿厚的测量精度与哪些因素有关？

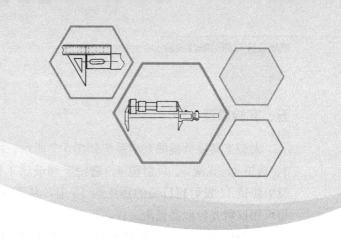

第七章　圆柱螺纹测量

 实验1　影像法测量螺纹主要参数

一、概述

螺纹的主要几何参数有大径、小径、中径、螺距和牙型半角，这些参数的误差对螺纹互换性的影响不同，其中中径偏差、螺距误差和牙型半角误差是主要的影响因素。

对于紧固螺纹来说，螺距误差主要影响螺纹的可旋合性和联接的可靠性；对于传动螺纹来说，螺距误差直接影响传动精度，影响螺牙上载荷分布的均匀性。螺纹牙型半角误差也会影响螺纹的可旋合性与联接强度。

二、实验目的

（1）了解工具显微镜的测量原理及结构特点。
（2）熟悉用大型（或小型）工具显微镜测量外螺纹主要参数的方法。

三、实验内容

用大型或小型工具显微镜测量螺纹塞规的中径、牙形半角和螺距。

四、实验设备

工具显微镜用于测量螺纹塞规、螺纹刀具、齿轮滚刀以及轮廓样板等，它分为小型、大型、万能和重型四种形式。它们的测量精度和测量范围虽各不相同，但基本原理是相似的。下面以大型工具显微镜为例，介绍用影像法测量中径、牙型半角和螺距的方法。

大型工具显微镜的外形图如图 7-1 所示，它主要由目镜 1、工作台 5、底座 7、支座 12、立柱 13、悬臂 14 和千分尺 6、10 等部分组成。转动手轮 11，可使立柱绕支座左右摆动；转动千分尺 6 和 10，可使工作台纵、横向移动；转动手轮 8，可使工作台绕轴线旋转。

五、实验原理

大型工具显微镜的光学系统如图 7-2 所示。由主光源 1 发出的光经聚光镜 2、滤色片 3、透镜 4、光阑 5、反射镜 6、透镜 7 和玻璃工作台 8，将被测工件 9 的轮廓经物镜 10、反射棱镜 11 投射到目镜的焦平面 13 上，从而在目镜 15 中观察到放大的轮影像。另外，也可用反射光源照亮被测工件，以工件表面上的反射光线，经物镜 10、反射棱镜 11 投射到目镜的焦平面 13 上，同样在目镜 15 中可观察到放大的轮影像。

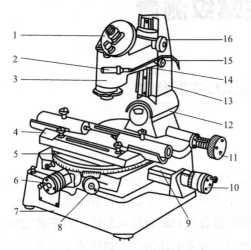

图 7-1　大型工具显微镜的外形图

1—目镜；2—照明灯；3—物镜；4—支架；

5—工作台；6、10—千分尺；7—底座；

8、11—手轮；9—量块；12—支座；13—立柱；

14—悬臂；15—固定螺钉；16—高度调节手轮

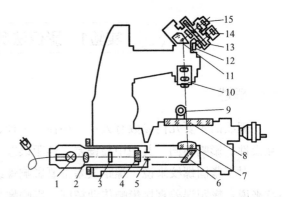

图 7-2　大型工具显微镜的光学系统图

1—主光源；2—聚光镜；3—滤色片；4、7—透镜；

5—光阑；6—反射镜；8—玻璃工作台；9—被测工件；

10—物镜；11—反射棱镜；12—反光镜；

13—焦平面；14—角度目镜；15—目镜

工具显微镜的目镜外形如图 7-3（a）所示。它由玻璃分划板、中央目镜、角度读数目镜、反光镜和手轮等组成。目镜的结构原理如图 7-3（b）所示，从中央目镜可观察到被测工件的轮廓影像和分划板的米字刻线，如图 7-3（c）所示。从角度读数目镜中，可以观察到分划板上 $0°\sim360°$ 的度值刻线和固定游标分划板上 $0'\sim60'$ 的分值刻线，如图 7-3（d）。转动手轮，可使刻有米字刻线的分划板转动，它转过的角度可从角度读数目镜中读出。当该目镜中固定游标的零刻线与度值刻线的零位对准时，则米字刻线中间虚线 $A-A$ 正好垂直于仪器工作台的纵向移动方向。

六、实验步骤

（1）擦净仪器及被测螺纹，将工件小心地安装在两顶尖之间，拧紧顶尖的固紧螺钉（避免工件掉下砸坏玻璃工作台）。同时，检查工作台圆周刻度是否对准零位。

（2）接通电源。

（3）用调焦筒（仪器专用附件）调节主光源 1（图 7-2），旋转主光源外罩上的三个调节螺钉，直至灯丝位于光轴中央成像清晰，表示灯丝已位于光轴上并在聚光镜 2 的焦点上。

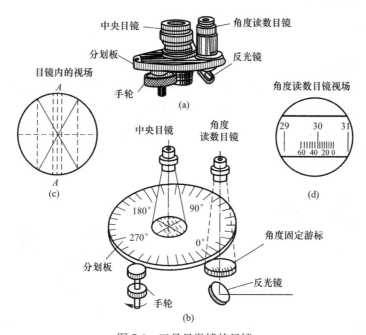

图 7-3　工具显微镜的目镜

(a) 外形；(b) 结构原理；(c) 米字刻线；(d) 分值刻线

（4）根据被测螺纹尺寸，从仪器说明书中查出适宜的光阑直径，然后调好光阑的大小。

（5）旋转手轮 11（图 7-1），按被测螺纹的螺纹升角 ψ 调整立柱 13 的倾斜度。

（6）调整角度目镜 14、目镜 15（图 7-2）上的调节环，使米字刻线和度值、分值刻线清晰。松开固定螺钉 15（图 7-1），旋转高度调节手轮 16，调整仪器的焦距，使被测轮廓影像清晰（若要求严格，可使用专门的调焦棒在两顶尖中心线的水平内调焦）。然后，旋紧固定螺钉 15。

（7）测量螺纹主要参数。

1）测量中径

螺纹中径 d，是指螺纹截成牙凸和牙凹宽度相等并和螺纹轴线同心的假想圆柱面直径。对于单线螺纹，它的中径也等于在轴截面内沿着与轴线垂直的方向量得的两个相对牙型侧面间的距离。

为了使轮廓影像清晰，需将立柱顺着螺旋线方向倾斜一个螺纹升角 ψ，其值的计算公式为：

$$\tan\psi = \frac{nP}{\pi d_2} \tag{7-1}$$

式中，P 为螺纹螺距（mm）；d_2 为螺纹中径公称值（mm）；n 为螺纹线数。

测量时，转动纵向千分尺 10 和横向千分尺 6（图 7-1），并移动工作台，使目镜中的 $A—A$ 虚线与螺纹投影牙型的一侧重合，如图 7-4 所示，记下横向千分尺的第一次读数。然后，将显微镜立柱反向倾斜螺纹升角 ψ，转动横向千分尺，使 $A—A$ 虚线与对面牙型轮廓重合，记下横向千分尺的第二次读数。两次读数之差即为螺纹的实际中径。为了消除被测螺纹安装误差的影响，必须测出 $d_{2左}$ 和 $d_{2右}$，取两者的平均值作为实际中径：

$$d_{2实际}=\frac{d_{2左}+d_{2右}}{2} \tag{7-2}$$

2）测量牙形半角

螺纹牙型半角 $a/2$ 是指在螺纹牙型上，牙侧与螺纹轴线的垂线间的夹角。

测量时，转动纵向和横向千分尺 6、10 并调节手轮 11（图 7-1），使目镜中的 $A—A$ 虚线与螺纹投影牙型的某一侧面重合，如图 7-5 所示。此时，角度读数目镜中显示的读数即为该牙侧的牙型半角数值。

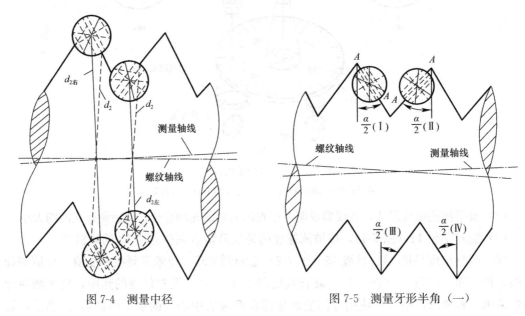

图 7-4　测量中径　　　　图 7-5　测量牙形半角（一）

在角度读数目镜中，当角度读数为 $0°0'$ 时，表示 $A—A$ 虚线垂直于工作台纵向轴线，如图 7-6（a）所示。当 $A—A$ 虚线与被测螺纹牙型边对准时，如图 7-6（b）所示，得到该牙型半角的数值为：

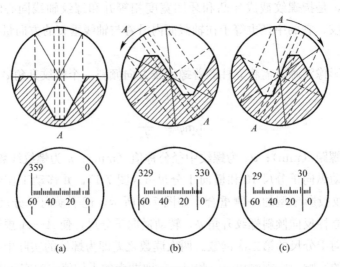

图 7-6　测量牙形半角（二）

$$\frac{\alpha}{2}(右)=360°-330°4'=29°56'$$

同理，当 $A—A$ 虚线与被测螺纹牙型另一边对准时，如图 7-6（c）所示，则得到另一牙型半角的数值为：

$$\frac{\alpha}{2}(左)=30°8'$$

为了消除被测螺纹安装误差的影响，需分别测出 $\frac{\alpha}{2}$（Ⅰ）、$\frac{\alpha}{2}$（Ⅱ）、$\frac{\alpha}{2}$（Ⅲ）、$\frac{\alpha}{2}$（Ⅳ）。并按下述方式处理：

$$\frac{\alpha}{2}(左)=\frac{\frac{\alpha}{2}（Ⅱ）+\frac{\alpha}{2}（Ⅳ）}{2} \tag{7-3}$$

$$\frac{\alpha}{2}(右)=\frac{\frac{\alpha}{2}（Ⅰ）+\frac{\alpha}{2}（Ⅲ）}{2} \tag{7-4}$$

将它们与牙型半角公称值 $\frac{\alpha}{2}$ 比较，则得牙型半角偏差为：

$$\Delta\frac{\alpha}{2}(左)=\frac{\alpha}{2}(左)-\frac{\alpha}{2} \tag{7-5}$$

$$\Delta\frac{\alpha}{2}(右)=\frac{\alpha}{2}(右)-\frac{\alpha}{2} \tag{7-6}$$

$$\Delta\frac{\alpha}{2}=\frac{\left|\Delta\frac{\alpha}{2}(左)\right|+\left|\Delta\frac{\alpha}{2}(右)\right|}{2} \tag{7-7}$$

为了使轮廓影像清晰，测量牙型半角时，同样要使立柱倾斜一个螺纹升角 ψ。

3）测量螺距

螺距 P 是指相邻两牙在中径线上对应两点间的轴向距离。

测量时，转动纵向和横向千分尺，且移动工作台，使目镜中的 $A—A$ 虚线与螺纹投影牙型的一侧重合，记下纵向千分尺第一次读数。然后，移动纵向工作台，使牙型纵向移动几个螺距的长度，以同侧牙型与目镜中的 $A—A$ 虚线重合，记下纵向千分尺第二次读数。两次读数之差即为几个螺距的实际长度（图 7-7）。

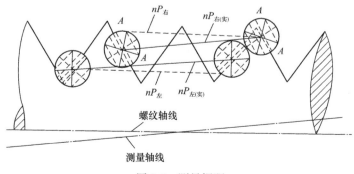

图 7-7　测量螺距

为了消除被测螺纹安装误差的影响，同样要测出 $nP_{左(实)}$ 和 $nP_{右(实)}$，然后取它们的平均值作为螺纹 n 个螺距的实际尺寸，即：

$$nP_实 = \frac{nP_{左(实)} + nP_{右(实)}}{2} \tag{7-8}$$

n 个螺距的累积偏差为：

$$\Delta P = nP_实 - nP \tag{7-9}$$

（8）按图样给定的技术要求，判断被测螺纹塞规的适用性。

七、思考题

（1）用影像法测量螺纹时，立柱为什么要倾斜一个螺纹升角 ψ 的角度？

（2）用工具显微镜测量外螺纹的主要参数时，为什么测量结果要取平均值？

实验2　外螺纹中径的测量

一、概述

螺纹中径偏差是指中径实际尺寸与中径基本尺寸的代数差。当外螺纹中径比内螺纹中径大时，会影响螺纹的旋合性；反之，则使配合过松而影响连接的可靠性和紧密性，削弱连接强度，因此对中径偏差也必须加以限制。

二、实验目的

熟悉测量外螺纹中径的原理和方法。

三、实验内容

（1）用螺纹千分尺测量外螺纹中径。
（2）用三针测量外螺纹中径。

四、实验设备及测量原理

1. 用螺纹千分尺测量外螺纹中径

图 7-8 为螺纹千分尺外形图。它的构造与外径千分尺基本相同，只是在测量砧和测量头上装有特殊的测量头 1 和 2，用它来直接测量外螺纹的中径。螺纹千分尺的分度值为 0.01mm。测量前，用尺寸样板 3 来调整零位。每对测量头只能测量一定螺距范围内的螺纹，使用时根据被测螺纹的螺距大小，按螺纹千分尺附表来选择。测量时由螺纹千分尺直接读出螺纹中径的实际尺寸。

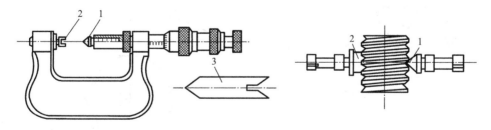

图 7-8　螺纹千分尺外形图
1、2—测量头；3—尺寸样板

2. 用三针测量外螺纹中径

图 7-9 为用三针测量外螺纹中径测量原理，这是一种间接测量螺纹中径的方法。测量时，将三根精度很高、直径相同的量针放在被测螺纹的牙凹中，用测量外尺寸的计量器具如千分尺、机械比较仪、光较仪、测长仪等测量出尺寸 M，再根据被测螺纹的螺距 P、牙形半角 $\alpha/2$ 和量针直径 d_m，计算出螺纹中径 d_2。由图 7-9 可知：

$$d_2 = M - 2AC = M - 2(AD - CD) \tag{7-10}$$

而：

$$AD = AB + BD = \frac{d_m}{2} + \frac{d_m}{2\sin\frac{\alpha}{2}} = \frac{d_m}{2}\left[1 + \frac{1}{\sin\frac{\alpha}{2}}\right] \tag{7-11}$$

$$CD = \frac{P\cot\frac{\alpha}{2}}{4} \tag{7-12}$$

将 AD 和 CD 值代入式（7-10），得：

$$d_2 = M - d_m\left(1 + \frac{1}{\sin\frac{\alpha}{2}}\right) + \frac{P}{2}\cot\frac{\alpha}{2} \tag{7-13}$$

对于米制螺纹，$\alpha = 60°$，则 $d_2 = M - 3d_m + 0.866P$。

为了减少螺纹牙形半角偏差对测量结果的影响，应选择合适的量针直径，该量针与螺纹牙形的切点恰好位于螺纹中径处。此时所选择的量针直径 d_m，为最佳量针直径。由图 7-10 可知：

$$d_m = \frac{P}{2\cos\frac{\alpha}{2}} \tag{7-14}$$

对米制螺纹，$\alpha = 60°$，则 $d_m = 0.577P$。

在实际工作中，如果成套的三针中没有所需的最佳量针直径时，可选择与最佳量针直径相近的三针来测量。

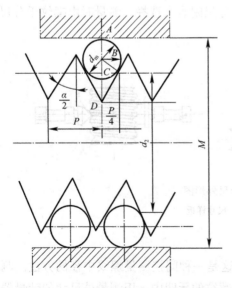

图 7-9　三针法测量外螺纹中径测量原理

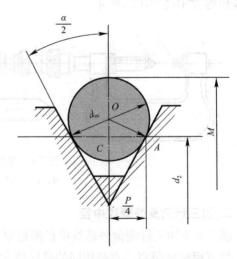

图 7-10　选择合适的量针直径

量针的精度分成 0 级和 Ⅰ 级两种。0 级用于测量中径公差为 $4 \sim 8\,\mu m$ 的螺纹塞规；Ⅰ 级用于测量中径公差大于 $8\,\mu m$ 的螺纹塞规或螺纹工件。

测量 M 值所用的计量器具的有种类很多，通常根据工件的精度要求来选择。本实验采用杠杆千分尺来测量（图 7-11）。

杠杆千分尺的测量范围有 $0 \sim 25$mm、$25 \sim 50$mm、$50 \sim 75$mm、$75 \sim 100$mm 四种，分度 0.002mm。它有一个活动量砧 2，其移动量由指示表 7 读出。测量前将尺体 5 装在尺座上，然后校对千分尺的零位，使刻度套管 3、微分筒 4 和指示表 7 的示值都分别对准零位。测量时，当被测螺纹放入或退出两个量砧之间时，必须按下右侧的按钮 8 使量砧离开，以减少量砧的磨损。在指示表 7 上装有两个指针 6，用来确定被测螺纹中径上、下偏差的位置，以提高测量效率。

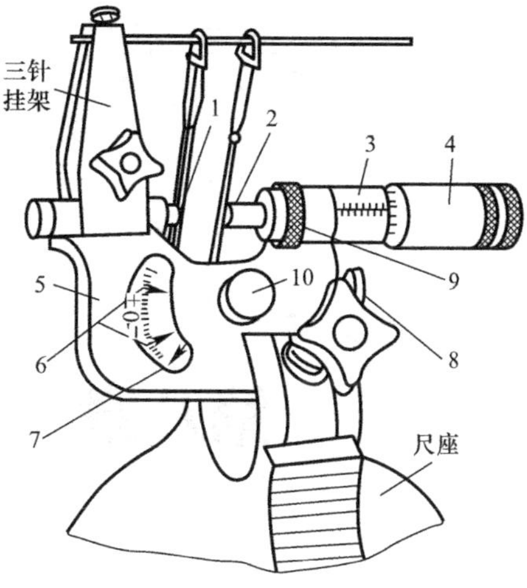

图 7-11 杠杆千分尺

1—固定量砧；2—活动量砧；3—刻度套管；
4—微分筒；5—尺体；6—指针；7—指示表；
8—按钮；9—锁紧轮；10—旋钮

五、测量步骤

1. 用螺纹千分尺测量外螺纹中径

（1）根据被测螺纹的螺距，选取一对测量头。

（2）擦净仪器和被测螺纹，校正螺纹千分尺零位。

（3）将被测螺纹放入两测量头之间，找正中径部位。

（4）分别在同一截面相互垂直的两个方向上测量螺纹中径，取它们的平均值作为螺纹的实际中径，然后判断被测螺纹中径的适用性。

2. 用三针测量外螺纹中径

（1）根据被测螺纹的螺距，计算并选择最佳量针直径 d_m。

（2）在尺座上安装好杠杆千分尺和三针。

（3）擦净仪器和被测螺纹，校正仪器零位。

（4）将三针放入螺纹牙凹中，旋转杠杆千分尺的微分筒 4，使两端测量头 1、2（图 7-8）与三针接触，然后读出尺寸 M 的数值。

（5）在同一截面相互垂直的两个方向上测出尺寸 M，并按平均值用公式计算螺纹中径，然后判断螺纹中径的适用性。

六、思考题

（1）用三针测量螺纹中径时，有哪些测量误差？

（2）用三针测得的中径是否是作用中径？

（3）用三针测量螺纹中径的方法属于哪一种测量方法？为什么要选用最佳量针直径？

（4）用杠杆千分尺能否进行相对测量？相对测量法和绝对测量法比较，哪种测量方法精确度较高？为什么？

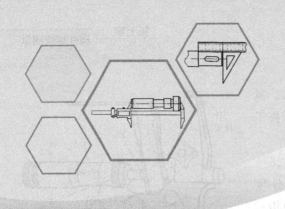

第八章　先进测量技术实验

实验1　用三坐标测量机测量轮廓度误差

一、概述

三坐标测量是获得空间某点三维坐标值的测量方法，通常用三坐标测量机（简称测量机）进行测量。它是 20 世纪 60 年代发展起来的一种高精度、高效率的精密测量仪器，借助高性能的计算机软件，可以进行箱体、导轨、齿轮、螺纹等复杂结构的测量，其特点是只要测头能达到的地方就可以测量该地方的某些特征点的三维坐标值，以此来确定零件的几何尺寸和几何要素的形状误差以及几何要素间的相互位置关系误差。

二、实验目的

（1）了解三坐标测量机的测量原理、方法以及计算机采集测量数据和处理测量数据的过程。

（2）加深对轮廓度误差定义的理解。

三、实验内容

用 F604 型三坐标测量机测量一曲面零件的轮廓度误差。

四、实验原理

三坐标测量机是用计算机采集处理测量数据的新型高精度自动测量仪器。它有三个互相垂直的运动导轨，上面分别装有光栅作为测量基准，并有高精度测量头，可测空间各点的坐标位置。任何复杂的几何表面与几何形状，只要测量机的测头能够瞄准（或感受到）的地方，均可测得它们的空间坐标值，然后借助计算机经数学运算可求得待测的几何尺寸和相互位置尺寸，并由打印机或绘图仪清晰直观地显示出测量结果。由于三坐标测量机配有丰富的计量软件，因此其测量功能很多，而且可按要求任意建立工件坐标系，测量时不需找正，故可大大减少测量时间。三坐标测量机的测量范围大，效率高，具有"测量中心"的称号。

　　用三坐标测量机测量轮廓度误差时，应先按图样要求，建立与理论基准一致的工件坐标系，以便实测数据同理论设计数据进行比较。然后用测头连续跟踪扫描被测表面，计算机按给定节距采样，记录表面轮廓坐标数据。由于记录的是测头中心的坐标轨迹，需由计算机补偿一个测头半径值，才能得到实际表面轮廓坐标数据。最后与存入计算机内的设计数据进行比较，便可得到轮廓度误差值。

五、实验步骤

　　（1）按图8-1所示安装工件和测头。

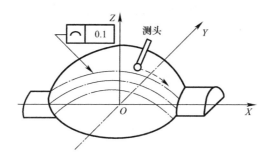

图8-1　用三坐标测量机测量轮廓度误差

　　（2）接通电源、气源，启动计算机、打印机和绘图仪。
　　（3）建立工件坐标系和指定测量条件。
　　（4）数据采样。
　　（5）数据处理。
　　PRG 41：定节距指定，给定所要求的数据格式和范围，见表8-1。
　　PRG 42：打印处理后的数据。

数据格式表　　　　　　　　　　　　　　　　　　　　　　　　　表8-1

程序	内容说明
PRG 1200	输入所用测头直径，以便在补偿测量数据时使用
PRG 2000	指定 XOY 平面为测量平面
PRG 10	平面校正：用三点确定基准面，再加一点虚输入指定测头半径补偿方向
PRG 11	原点指定：通过测两点，取其中点为坐标原点
PRG 12	X 轴校正：通过测两点，使 X 轴通过其中点
PRG 2200	指定 ZOX 平面为测量平面
PRG 22	给定采样节距（0、04～30mm），采用连续扫描形式，让测头在轮廓表面上慢慢移动，计算机自动采集数据
PRG 20	指定测量形状类型：三维型
PRG 21	指定测头半径补偿方向

　　（6）公差比较。
　　PRG 30：从存储器中调入设计数据文件。

PRG 31：将实测数据同设计数据相比，得到轮廓度误差。

（7）轮廓绘图。

PRG 50：指定作图形式—实体图（或展开图）。

PRG 51：指定作图原点。

PRG 53：指定作图放大倍率。

PRG 61：绘图。

PRG 60：画辅助线。

六、思考题

（1）为什么说三坐标测量机是万能测量机？试述其测量原理。

（2）在三坐标测量机上测量轮廓度时，为什么要首先建立工件坐标系？建立坐标系有何要求？

（3）用三坐标测量机测量时，为什么要先指定测头直径？

实验2　用三坐标测量机测量斜齿轮分度圆螺旋角

一、概述

齿向误差是反映齿轮工作过程中载荷分布均匀性的重要指标之一。齿向误差的精确测量与评定可以有效判定第Ⅲ公差组的性能指标。同时通过对向误差测量结果的分析，可以找出齿向误差的产生原因，为齿轮加工机床参数的调整、刀具的修磨等提供科学依据。由于齿向误差主要由分度圆螺旋角误差引起，因此齿向误差在很大程度上可用分度圆螺旋角误差代替。

目前，渐开线圆柱齿轮分度圆螺旋角误差的测量方法主要有比较法和坐标法。比较法一般是在导程检查仪或齿形齿向测量仪上实现。导程检查仪或齿形齿向测量仪将绕轴线的转动与沿轴线的直线运动有机结合起来形成标准的螺旋运动，然后将标准螺旋线与被测齿轮的螺旋线进行比较，由指示装置或读数装置直接读出分度圆螺旋角误差的测量结果。坐标法一般是在万能工具显微镜上实现，它根据螺旋线的形成原理，按比例用长度坐标和角度坐标分别测出测头沿轴向的直线位移和齿轮转角，通过理论计算得出分度圆螺旋角误差的测量结果。若被测齿轮为盘类齿轮，无论采用比较法还是坐标法，都必须用特制心轴将被测齿轮安装在测量仪器上。因此，心轴的加工制造误差、被测齿轮的安装误差以及仪器本身的误差都会影响分度圆螺旋角误差的测量精度。

三坐标测量机上测量渐开线圆柱齿轮分度圆螺旋角误差，利用扫描法实现测量点数据采集，利用三次样条函数实现端面齿形工作曲线拟合，根据渐开线圆柱齿轮螺旋线的形成原理计算被测齿轮分度圆螺旋角误差，可以克服传统分度圆螺旋角误差测量方法的缺点，具有很高的测量精度。

二、实验目的

（1）进一步了解三坐标测量机的测量原理、方法以及计算机采集测量数据和处理测量数据的过程。

（2）加深对分度圆螺旋角误差的理解。

三、实验内容

用三坐标测量机测量斜齿轮分度圆螺旋角。

四、实验原理

根据斜齿轮渐开线形成原理可知：斜齿轮的齿向线就是渐开螺旋面上的螺旋线，齿轮在不同直径上螺旋线的螺旋角是不等的，但这些螺旋线的导程是一个定值。由于实际的斜齿轮不可能具有全导程因此可将斜齿轮分度圆螺旋角的测量转化为斜齿轮转角 φ 与螺旋线在齿轮轴线方向上的位移 b 之间关系的测量。

分度圆螺旋角的测量原理见图 8-2。图中右边为斜齿轮分度圆柱位置的圆周展开图，b 为齿轮轴线方向的位移，β 为齿轮分度圆螺旋角，AB 为对应于齿轮轴线方向的位移 b 在齿轮分度圆位置的弧长，其对应于齿轮在垂直于轴线的横截面内的转角为 φ。由图中各参数的几何关系可知：$\tan\beta = \pi d/P_z = AB/b$，又有：$d = m_n z/\cos\beta$，$\varphi = 2AB/d$，故有：

$$\varphi = \frac{b\tan\beta}{m_n z/2\cos\beta} = \frac{2b\sin\beta}{m_n z} \tag{8-1}$$

根据式（8-1），当已知法向模数 m_n 时，只要精确测量出斜齿轮轴线方向的位移 b 和对应于分度圆螺旋线绕轴线的转角 φ，就可以精确测量出斜齿轮分度圆螺旋角 β，再将分度圆螺旋角 β 的实际测量值与设计要求的分度圆螺旋角进行比较，即可得到分度圆螺旋角的误差。

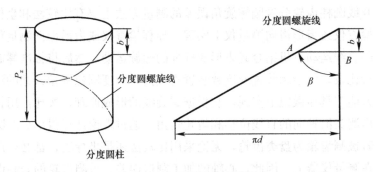

图 8-2　分度圆螺旋角测量原理

五、实验步骤

（1）将被测齿轮擦洗干净，端面固定于三坐标测量机的工作台上。

（2）接通电源、气源，启动计算机、打印机和绘图仪。

（3）安装连续扫描传感器，选择 $\phi 2$ 的球形测头，对测头 A、B 角度为（$0°$，$0°$）和（$90°$，$-90°$）位实施校准。

（4）建立零件坐标系。用测头（$0°$，$0°$）位手动测量被测齿轮孔心线要素，并以此要素建立零件坐标系的 Z 坐标。

（5）数据采样。在建立的零件坐标系中，用连续扫描测头（$90°$，$-90°$）位分别对被测齿轮同一齿两个不同高度工作齿面上的点进行扫描，采集扫描点间隔设置为 0.1mm。

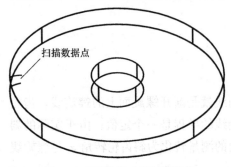

图 8-3　DWG 格式的扫描数据

（6）数据导出。将测量数据以 DWG 格式的文件导出（图 8-3），并记录两个不同高度工作齿面的高度差 b。

（7）归一化处理。将三维数据通过归一化处理为二维数据，在 CAD 软件界面上选中全部经导出的采样数据点，右击鼠标选择"特性"，将弹出对话框上的"几何图形"栏下的位置项 Z 置 0。

（8）拟合曲线。根据采集到的离散测点，用三次样条函数拟合方法，拟合两个不同高度的工作齿面，得到实际齿轮工作齿面的连续曲线。

（9）数据处理。根据被测齿轮参数，作齿轮分度圆，并在 CAD 软件中用"尺寸标注"功能测量两不同高度工作齿面在分度圆位置的角度 φ（图8-4）。利用式（8-1）即可计算出被测量齿轮分度圆螺旋角的测量结果。

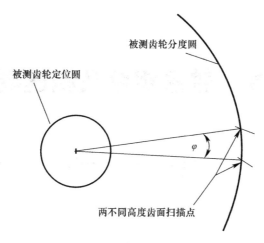

被测齿轮分度圆

被测齿轮定位圆

φ

两不同高度齿面扫描点

图 8-4　数据处理图

六、思考题

（1）为什么齿向误差可用分度圆螺旋角误差代替？

（2）齿轮分度圆螺旋角测量方法的测量误差由哪些因素引起？

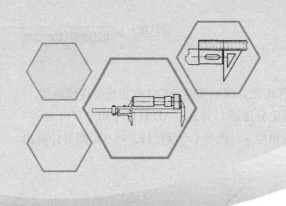

第九章　轴系组合及减速器设计

实验1　轴系结构创意组合设计实验

一、概述

　　轴系为轴及轴上零件组成的系统。轴系的设计主要包括轴、轴承等零件的工作能力设计与结构设计两方面内容。轴为非标准零件，它的工作能力设计包括轴的强度、刚度及振动稳定性计算。轴的结构设计是轴设计中最重要环节，需满足轴上零件的安装、定位及制造工艺要求，并全面考虑它们对轴的工作能力的影响。轴的结构设计是根据上述要求确定轴的合理外形和各部分具体尺寸。轴的结构设计方案具有较大灵活性，实验方法是采用零件库提供的各种类型的轴、轴承及附件，根据轴系结构设计原则、创意性组装成符合设计任务的完整轴系。滚动轴承是标准零件，设计者无需对轴承本身进行结构设计，只需按工作要求由滚动轴承目录中正确选择轴承类型，并根据滚动轴承的工作能力设计确定其尺寸大小。前已述及，无需进行轴承本身的结构设计，因此滚动轴承的结构设计实质上指的是滚动轴承的组合结构设计。

　　滚动轴承的组合结构设计主要包括如下内容：

　　（1）轴系支点的轴向固定方法：轴系的每个支点通常由一个或一个以上轴承的组合，一根轴一般为双支点。轴系支点轴向合理固定后，方能确保轴在机器中有正确的确定位置，防止轴在工作过程中发生轴向窜动以及受热变形后卡死轴承。

　　（2）滚动轴承内圈及外圈的轴向紧固方法。

　　（3）滚动轴承与相关零件的配合的确定。

　　（4）轴承的润滑与密封方法。

　　（5）支承刚度和旋转精度要求较高场合下滚动轴承的预紧结构。

　　轴系的结构设计除包括上述轴的结构设计及滚动轴承组合设计外，轴系的结构设计还需要从系统上考虑轴系轴向位置的调整及轴承游隙的调整。

　　轴上零件为圆柱齿轮类传动件时，对轴向位置一般无严格要求，此时轴系一般没有必要进行轴向位置调整的结构设计；而对于蜗杆传动及锥齿轮传动，轴系轴向位置需要具有可调整性，以补偿轴承部件组合的各个零件尺寸的加工公差及装配等因素，造成的该类传动件正确啮合位置的偏离。

对于蜗杆传动，正确的啮合要求是蜗轮的中间平面通过蜗杆轴线，因此蜗轮轴系沿轴线方向的位置必须能够进行调整，见图 9-1（a）。因此，在创意组合结构设计时需要考虑其实现方案。

对于锥齿轮传动，要求两个节锥顶点重合，以保证传动的正确啮合，因此结构设计时要求轴系能在水平和垂直两个方向进行调整，见图 9-1（b）。

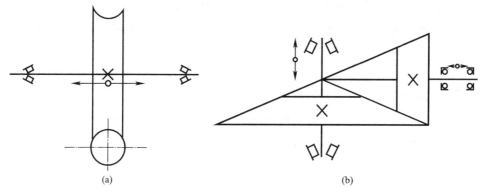

图 9-1　轴向位置调整示意图
（a）蜗轮轴系；（b）锥齿轮轴系

图 9-2 为锥齿轮轴系两种轴系轴向位置调整的结构方案：（a）图方案采用一对圆锥滚子轴承正装（面对面）结构，（b）图为一对圆锥滚子轴承反装（背对背）结构，两个方案的轴承都装在套杯内（可在实验用零件库中选用）。通过改变套杯与箱体间调整垫片的厚度即可实现轴系轴向位置的调整。两个方案中，图 9-2（b）方案支承刚性较好，但轴系结构较复杂且轴承游隙调整不如图 9-2（a）方案方便。

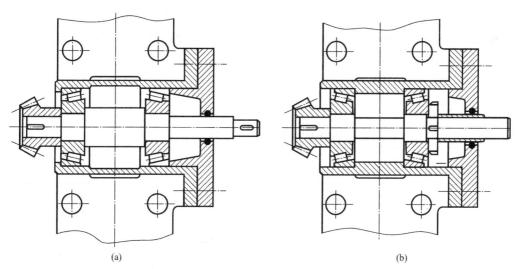

图 9-2　锥齿轮轴系轴向位置调整结构方案
（a）方案一；（b）方案二

为保证轴承正常运转，根据工作环境要求不同，轴承内部需留有适当的间隙，称为轴承游隙。有些类型的轴承，如深沟球轴承、调心球轴承在制造装配时，其游隙已预留在轴承内部，属于固定游隙型；而有些类型的轴承游隙则要在安装时调整，属于可调游隙型，如圆锥滚子轴承等。在实验时要选择合适的调整轴承游隙方案。

二、实验目的

（1）熟悉并掌握轴的结构形状、功用、工艺性及轴与轴上零件的装配关系。

（2）熟悉轴的结构设计和轴承装置组合设计的基本要求。

（3）了解轴及轴上零件的安装、调整、定位与固定方法，轴承的润滑和密封方法。

三、实验设备

1. 组合式轴系结构设计分析实验箱

实验箱由8类零件（齿轮、轴、联轴器、轴承端盖、轴套、轴承座、轴承、连接件）组成，能方便地组合出数十种轴系结构方案，具有开设轴系结构设计和轴系结构分析两大项实验功能。

2. 测量、绘图和拆装工具

游标卡尺、钢直尺、活扳手、内外卡钳、铅笔、橡皮、三角板等。

四、实验内容与要求

（1）指导教师根据表9-1选择并安排实验内容（实验题号）。

（2）进行轴的结构设计与滚动轴承组合设计。

根据实验题号的要求，进行轴系结构设计的组装，解决轴承类型选择、轴上零件固定、轴承安装与调节、润滑及密封等问题。

对于根据创新设计需要的轴系结构的组合设计，在完成轴系结构的组装后，要分析轴上零件的固定与调整、润滑与密封问题是否满足要求；要分析轴承的选择是否适宜，要在经济性、成本等方面进行分析。

（3）绘制轴系结构装配图。

（4）编写实验报告。

轴系结构设计与分析实验内容　　　　　　　　　　　　　　　　表 9-1

实验题号	已知条件				
	传动件类型	载荷	转速	其他条件	示意图
1	小直齿轮	轻	低	—	
2		中	高	—	
3	大直齿轮	中	低	—	
4		重	中	—	

续表

实验题号	已知条件				
	传动件类型	载荷	转速	其他条件	示意图
5	小斜齿轮	轻	中	—	
6		中	高	—	
7	大斜齿轮	中	中	—	
8		重	低	—	
9	小锥齿轮	轻	低	锥齿轮轴	
10		中	高	锥齿轮与轴分开	
11	蜗杆	轻	低	发热量小	
12		重	中	发热量大	

五、实验步骤

（1）明确实验内容，理解设计要求；

（2）复习有关轴的结构设计与轴承组合设计的内容与方法；

（3）构思轴系结构方案

1）根据齿轮类型选择滚动轴承型号

轴承应根据其所受载荷、工作转速、安装调整和经济性等条件选择。对一般的工作条件和结构要求时，可选用深沟球轴承或角接触球轴承；受力大的支承可选用圆锥滚子轴承或用其与圆柱滚子轴承、推力轴承的适当组合来完成支承设计。具体尺寸型号可根据轴径选取。

对于角接触球轴承，正反安装会对轴系的刚性和加工装配工艺产生影响。支承固定方式应视轴上受力情况、轴上零件安装位置和轴的几何尺寸及对工艺性的影响等方面的因素确定。

2）确定轴承的轴向固定方式

一般来说，一根轴需要两个支点，每个支点可由一个或一个以上的轴承组成。合理的轴承配置应考虑轴在机器中有正确的位置、防止轴向窜动以及轴受热膨胀后不致将轴承卡死等因素。常用的轴承配置方法有以下三种。

135

① 双支点各单向固定

这种轴承配置常用两个反向安装的角接触球轴承或圆锥滚子轴承，两个轴承各限制轴在一个方向的轴向移动，如图 9-3 和图 9-4 所示。安装时，通过调整轴承外圈（图 9-3）或内圈（图 9-4）的轴向位置，可使轴承达到理想的游隙或所要求的预紧程度。图 9-3 和图 9-4 所示的结构均为悬臂支承的锥齿轮轴。

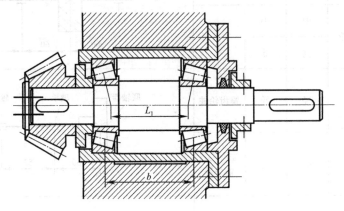

图 9-3　锥齿轮轴支承结构（一）

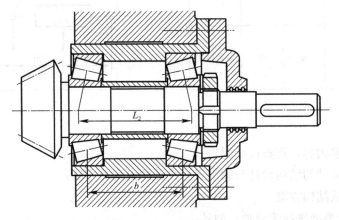

图 9-4　锥齿轮轴支承结构（二）

深沟球轴承也可用于双支点各单向固定的支承，如图 9-5 所示。这种轴承在安装时，通过调整轴承端盖端面与外壳之间垫片的厚度，使轴承外圈与端盖之间留有很小的轴向间隙，以适当补偿轴受热伸长由于轴向间隙的存在，这种支承不能做精确的轴向定位。由于轴向间隙不能过大（避免在交变的轴向力作用下轴来回窜动），因此这种支承不能用于工作温度较高的场合。

② 一支点双向固定，另一端支点游动

对于跨距较大且工作温度较高的轴，其热伸长量大，应采用一支点双向固定，另一支点游动的支承结构。作为固定支承的轴承，应能承受双向轴向载荷，故内、外圈在轴向都要固定。作为补偿轴的热膨胀的游动支承，若使用的是内、外圈不可分离型轴承，只需固定内圈，其外圈在座孔内应可以轴向游动，如图 9-6 所示；若使用的是可分离型的圆柱滚子轴承或滚针轴承，则内、外圈都要固定，如图 9-7 所示。当轴向载荷较大时，作为固定的支点可以采用径向接触轴承和轴向接触轴承组合在一起的结构，如图 9-8 所示；也可以采用两个角接触球轴承（或圆锥滚子轴承）"背对背"或"面对面"组合的结构，如图 9-9 所示（左端两轴承为"面对面"安装）。

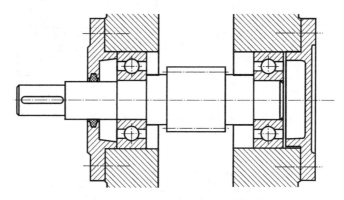

图 9-5　深沟球轴承双支点固

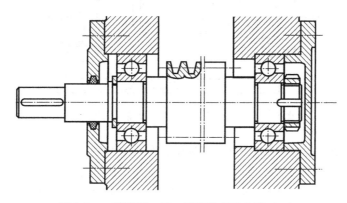

图 9-6　一端固定、另一端游动支承方案（一）

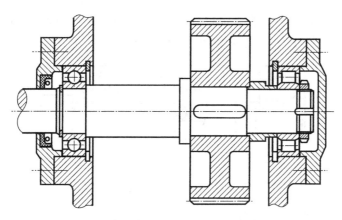

图 9-7　一端固定、另一端游动支承方案（二）

③ 两端游动支承

对于一对人字齿轮轴，由于人字齿轮本身的相互轴向限位作用，它们的轴承内、外圈

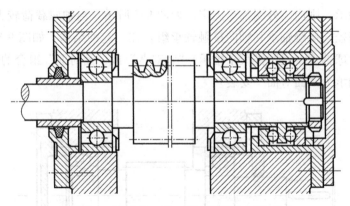

图 9-8 一端固定、另一端游动支承方案（三）

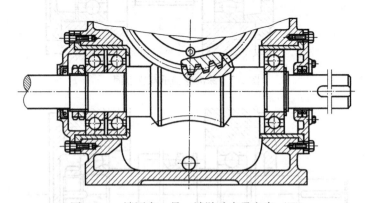

图 9-9 一端固定、另一端游动支承方案（四）

的轴向定位与紧固应设计成只保证其中一根轴相对机座有固定的轴向位置，而另一根轴上的两个轴承都必须是游动的，以防止齿轮卡死或人字齿的两侧受力不均匀。

当用轴肩固定滚动轴承时，轴肩（或套筒）直径 D 应小于轴承内圈的半径，如图 9-10（a），（b）所示，以便于拆卸轴承，图 9-10（d）、（e）的结构不正确；

过渡圆角半径 r_g，应小于轴承孔的圆角半径 r，如图 9-10（c）所示，以保证定位固定。固定轴承的轴肩尺寸 D 和 r、r_g 值可由手册查得。

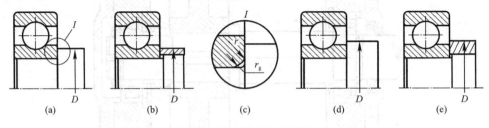

| (a) | (b) | (c) | (d) | (e) |

图 9-10 滚动轴承的内圈固定

轴承轴向固定的其他方法，见表 9-2。

3）根据齿轮圆周速度确定轴承润滑方式

当浸油齿轮的圆周速度 $v \geqslant 2\text{m/s}$ 时，轴承采用飞溅润滑，飞溅的油一部分直接溅入轴承，一部分先溅到机壁上，然后再沿着机盖的内壁坡口流入机座分型面的输油沟中，沿输油沟经轴承端盖上的缺口进入轴承，如图 9-11 所示。

轴上零件常用的轴向固定方法 表 9-2

名称	轴向固定方法
轴套	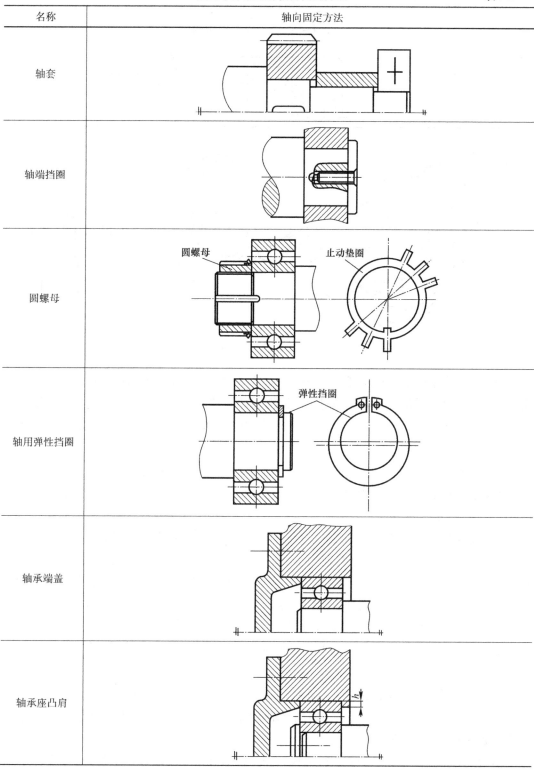
轴端挡圈	
圆螺母	
轴用弹性挡圈	
轴承端盖	
轴承座凸肩	

名称	轴向固定方法
孔用弹性挡圈	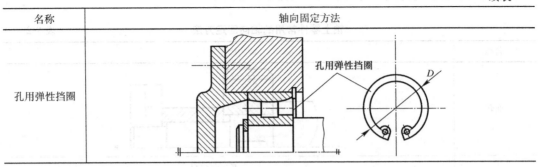

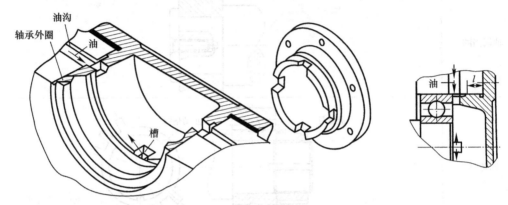

图 9-11　油润滑轴承的轴承盖结构

当采用油润滑轴承，轴承旁是斜齿轮，而且斜齿轮的直径小于轴承外径时，由于斜齿轮有沿齿轮的轴向排油作用，会使过多的润滑油冲向轴承，高速时更为严重，影响轴承寿命。因此在轴承油润滑的情况下，在高速齿轮轴的轴承旁应安装挡油盘，如图 9-12（b）所示。

当齿轮的圆周速度 $v<2\text{m/s}$ 时，由于飞溅能力较差，可采用脂润滑。机体上不开油沟，为防止机内润滑油进入稀释润滑脂，应在轴承旁加挡油盘，它的密封效果较好，如图 9-12（a）所示。

填入轴承座内的润滑脂量如下：对于中低速轴承（n 取值 $500\sim1500\text{r/min}$ 或更小）不超过轴承座空腔的 2/3。对于高速轴承（n 取值 $1500\sim3000\text{r/min}$ 或更大），则不超过轴承座空腔的 1/3。一般在装配时将润滑脂填入轴承座内，每工作 3~6 个月需补充更换润滑脂一次，每过一年，需拆开清洗更换润滑脂。

4）选择轴承盖形式，并考虑透盖处密封方式

轴承盖用来密封、轴向固定轴承、承受轴向载荷和调整轴承间隙，有嵌入式和凸缘式两种。

嵌入式轴承盖轴向结构紧凑，与箱体间无须用螺栓联接，与〇形密封圈配合使用可提高密封效果，如图 9-13（b）所示。但调整轴承间隙时，需打开箱盖增减调整垫片，不易操作，如图 9-13（a）所示。

凸缘式轴承盖调整轴承间隙比较方便，密封性能好，应用较多，但调整轴承间隙和装

拆箱体时，需先将其与箱体间的联接螺栓拆除，如图 9-14 所示。

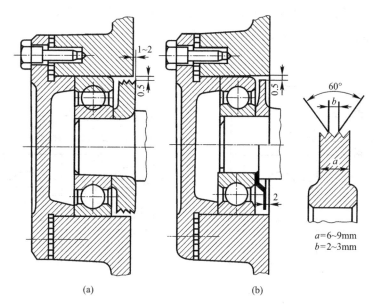

图 9-12 挡油盘的两种用法

（a）脂润滑时；（b）油润滑时

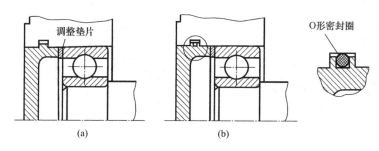

图 9-13 嵌入式轴承盖

（a）垫片调隙；（b）带 O 形密封圈的结构

为了防止润滑剂从轴承中流失，阻止外界灰尘、水分等进入轴承，滚动轴承需要密封。按照工作原理，密封可分为接触式密封和非接触式密封两大类。非接触式密封不受速度的限制；接触式密封通过阻断被密封物质泄漏通道的方法实现密封功能，只能用在线速度较低的场合。

图 9-14 凸缘式轴承盖

接触式密封有毛毡圈密封和唇形密封圈密封。毛毡圈密封是矩形断面的毛毡圈被安装在梯形槽内，如图 9-15（a）所示。它对轴产生一定的压力而起到密封作用，结构简单，压紧力不能调整，用于脂润滑，适用于轴颈圆周速度 $v<5m/s$ 的场合。唇形密封圈密封时，密封唇的方向要朝向密封的部位。如果主要是为了封油，密封唇应对着轴承（朝内），如图 9-15（b）所示；如果主要是为了防止外物侵入，

则密封唇应背着轴承（朝外），如图 9-15（c）所示；如果两个作用都要有，最好使用密封唇反向防止的两个唇形密封圈，如图 9-15（d）所示。它密封可靠，使用方便，适用于轴颈圆周速度 v 取值为 4～12m/s 或更小的场合。

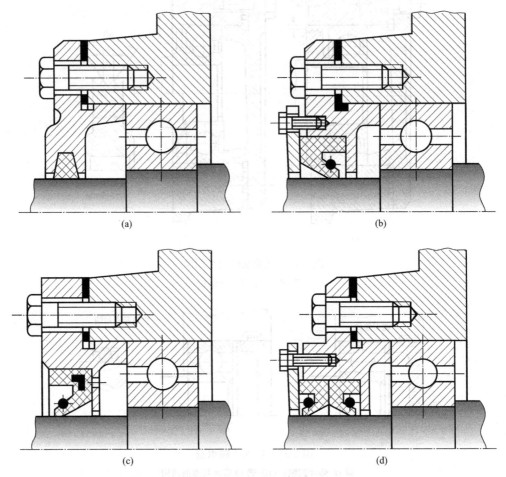

图 9-15　接触式密封

（a）毛毡圈密封；（b）无骨架唇形密封（向内安装）
（c）有骨架唇形密封（向外安装）；（d）组合密封

非接触式密封有油沟密封和迷宫式密封等。油沟密封如图 9-16（a）所示，是靠轴与盖间的细小环形间隙密封，沟内添脂，间隙越小越长，效果越好。这种密封结构简单，用于脂润滑或低速油润滑，适用于轴颈圆周速度 v 取值为 5～6m/s 或更小的场合。迷宫式密封如图 9-16（b）所示，是将旋转件与静止件之间间隙做成迷宫形式，在间隙中充填润滑油或润滑脂以加强密封效果。这种结构密封可靠，适用于轴颈圆周速度 $v<30$m/s 的场合。

5）考虑轴上传动零件及滚动轴承的定位与固定方法，观察与分析轴承的结构特点，轴承间隙调整等问题。实验采用的轴上零件常用轴向固定方法见表 9-2。

6）绘制轴系结构方案示意图。

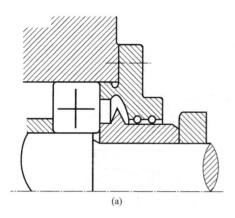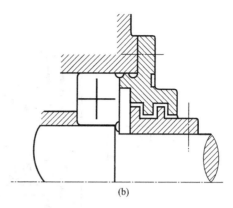

(a)   (b)

图 9-16　非接触式密封

(a) 油沟密封；(b) 迷宫式密封

（4）组装轴系部件

根据轴系结构方案，从实验箱中选取合适零件并组装成轴系部件，检查所设计组装的轴系结构是否正确。

（5）绘制轴系结构草图。

（6）测量零件结构尺寸（支座不用测量），并作好记录。

（7）测量轴系主要装配尺寸（如支承跨距）。

（8）根据结构草图及测量数据，在 3 号图纸上用 1∶1 比例绘制轴系结构装配图，要求装配关系表示正确，注明必要尺寸（如支承跨距、齿轮直径与宽度、主要配合尺寸），填写标题栏和明细表。

（9）将所有零件放入实验箱内的规定位置，交还所用工具。

（10）编写出实验报告。

轴系结构示例见图 9-17～图 9-22。

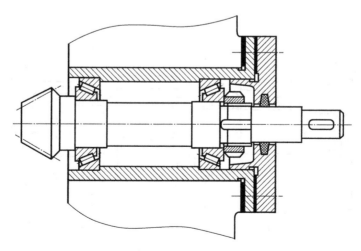

图 9-17　脂润滑小圆锥齿轮轴系结构图

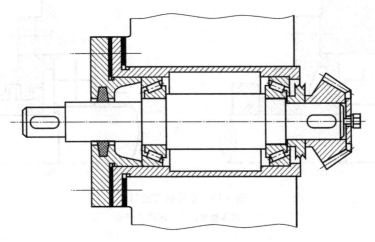

图 9-18　油润滑小圆锥齿轮轴系结构图

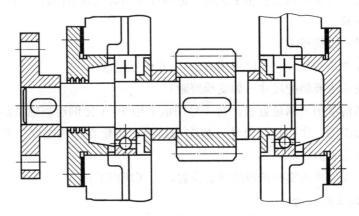

图 9-19　油润滑圆柱齿轮轴系结构图

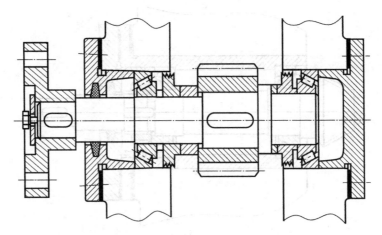

图 9-20　脂润滑圆柱齿轮轴系结构图

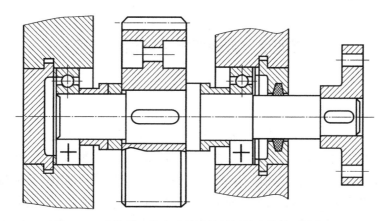

图 9-21　脂润滑、嵌入式轴承端盖圆柱齿轮轴系结构图

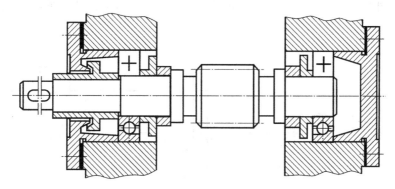

图 9-22　蜗杆轴系结构图

六、思考题

（1）轴系轴向位置调整的作用是什么？在哪些传动场合轴系需要能在轴向做严格调整？

（2）轴系结构设计中，轴系支点轴向固定的结构形式的特点是什么？

实验2　减速器拆装与设计实验

一、概述

减速器的作用是减速增矩。由于电动机的转速很高，而工作机往往要求转速适中，因此在电动机和工作机之间需加上减速器以调整转速。减速器的种类很多，按照传动类型可分为齿轮减速器、蜗杆减速器、行星减速器以及由它们组合起来的减速器组；按照传动的级数可分为单极减速器和多级减速器；按照齿轮形状可分为圆柱齿轮减速器、圆锥齿轮减速器。

减速器的工作原理：当电动机转动时，通过联轴器或皮带轮带动装在箱体内的小齿轮转动，再通过小齿轮与大齿轮的啮合，带动大齿轮转动，将动力从一轴传递到另一轴，以达到在大齿轮轴上减速之目的，其运动如图 9-23 所示。

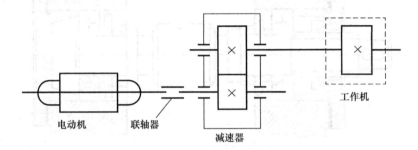

图 9-23　单级圆柱直齿轮减速器运动简图

二、实验目的

（1）了解减速器铸造箱体的结构以及齿轮和轴系等的结构。

（2）进一步理解轴上零件的定位和固定、齿轮和轴承的润滑、密封，熟悉减速器附属零件的作用、构造和安装位置。

（3）熟悉减速器的拆装和调整过程，了解拆装工具和结构设计的关系。

（4）了解减速器装配草图的绘制流程和设计要点。

三、实验设备

（1）单级圆柱齿轮减速器（图 9-24）。

（2）双级锥齿轮、圆柱齿轮减速器（图 9-25）。

（3）双级圆柱齿轮减速器（图 9-26）。

（4）单级蜗轮蜗杆减速器（图 9-27）。

（5）所用到的工具包括：

1）拆装工具：活扳手、套筒扳手和锤子。

2）测量工具：内卡钳、外卡钳、游标卡尺和钢直尺。

图 9-24　单级圆柱齿轮减速器

图 9-25　双级锥齿轮、圆柱齿轮减速器

图 9-26　双级圆柱齿轮减速器

图 9-27　单级蜗轮蜗杆减速器

四、实验内容

（1）了解铸造箱体的结构。

（2）观察、了解减速器附件的用途、结构和安装位置的要求。

（3）测量减速器的中心距和中心高，箱座上、下凸缘的宽度和厚度，肋板厚度，齿轮端面与箱体内壁的距离，大齿轮顶圆（蜗轮外圆）与箱体内壁之间的距离，轴承端面至箱体内壁之间的距离等。

（4）观察、了解蜗杆减速器箱体内侧面（蜗轮轴向）宽度与蜗轮轴的轴承盖外圆之间的关系，仔细观察蜗杆轴承的结构特点，思考提高蜗杆轴刚度的方法。

（5）加深理解轴承的润滑方式和密封装置，包括外密封的形式，轴承内侧挡油盘的工作原理及其结构和安装位置。

（6）了解轴承的组合结构，轴承的拆卸、装配、固定以及轴向游隙的调整。

（7）测绘减速器结构草图，并对齿轮受力进行定性分析。

五、实验步骤

1. 拆卸

（1）仔细观察减速器外表面各部分的结构。

（2）用扳手拆下观察孔盖板，考虑观察孔位置是否恰当，大小是否合适。

（3）拆卸箱盖。

1）用扳手拆下轴承端盖的紧定螺钉。

2）用扳手拆卸箱盖、箱座之间的连接螺栓和定位销钉。将螺栓、螺钉、垫圈、螺母和销钉等放入塑料盘中，以免丢失。然后，拧动起盖螺钉卸下箱盖。

（4）仔细观察箱体内各零件的结构以及位置。结合本章的本实验与实验1的内容，思考如下问题：对轴向游隙可调的轴承应如何进行调整？轴承是如何进行润滑的？如箱座和箱盖的结合面上有回油槽，则箱盖应采用怎样的结构才能使飞溅在箱体内壁上的油流回箱座上的回油槽中？回油槽有几种加工方法？为了使润滑油经油槽进入轴承，轴承盖端面结构应如何设计？在何种条件下滚动轴承的内侧要用挡油环或封油环？其工作原理、构造和安装位置如何？

（5）测量有关尺寸，并填入实验数据记录表中。

（6）卸下轴承盖，将轴和轴上零件随轴一起取出，按合理顺序拆卸轴上的零件。

（7）测绘高速轴及其支承部件的结构草图。

画一幅高速轴轴系结构装配草图，要求包括高速轴和轴上零件，如齿轮、键、轴承、套筒及部分箱体结构。

2. 装配

按原样将减速器装配好。装配按先内后外的顺序进行。装配轴和滚动轴承时应注意方向，并按滚动轴承的合理装拆方法进行装配。装配完后，经指导教师检查后才能合上箱盖。装配箱座、箱盖之间的连接螺栓前，应先安装好定位销钉。

3. 绘制草图

（1）绘制高速轴装配草图步骤

减速器中的齿轮、轴、轴承等是减速器的主要零件，其他零件如箱体及附件的结构是为了满足主要零件工作条件而设计的，因此，本阶段的工作可参考以下步骤进行。

1）确定高速轴及传动零件在箱体中的相对位置和布局。

2）测量轴径尺寸及箱体相关结构尺寸。

3）分析轴承型号和润滑方式，轴承盖及联轴器的类型、型号等，确定轴系部件轴向位置固定方式。

4）完成高速轴装配草图绘制。

表9-3列出了减速器箱体各部分结构的推荐尺寸。

减速器箱体结构的推荐尺寸　　　　表9-3

名称	符号	减速器形式及尺寸关系（mm）		
		齿轮减速器	锥齿轮减速器	蜗杆减速器
箱座壁厚 δ	δ	一级 $\delta=0.025a+1\geqslant8$	$0.0125(d_{1m}+d_{2m})+1\geqslant8$ 或 $0.01(d_1+d_2)+1\geqslant8$ d_1、d_2——小、大锥齿轮的大端直径	$\delta=0.04a+3\geqslant8$
		二级 $\delta=0.025a+3\geqslant8$		

续表

名称	符号	减速器形式及尺寸关系（mm）			
		齿轮减速器		锥齿轮减速器	蜗杆减速器
箱座壁厚	δ	三级	$\delta=0.025a+5\geqslant8$	d_{1m}、d_{2m}——小、大锥齿轮的平均直径	$\delta=0.04a+3\geqslant8$
		考虑铸造工艺，毛坯壁厚一般不小于8			
箱盖壁厚	δ_1	一级	$\delta_1=0.02a+1\geqslant8$	$0.01(d_{1m}+d_{2m})+1\geqslant8$ 或 $0.0085(d_1+d_2)+1\geqslant8$	蜗杆在上：$\delta_1\approx\delta\geqslant8$ 蜗杆在下：$\delta_1=0.85\delta\geqslant8$
		二级	$\delta_1=0.02a+3\geqslant8$		
		三级	$\delta_1=0.02a+5\geqslant8$		
箱座凸缘厚度	b	1.5δ			
箱盖凸缘厚度	b_1	$1.5\delta_1$			
箱座底凸缘厚度	b_2	2.5δ			
地脚螺栓直径	d_f	$0.036a+12$		$0.018(d_{1m}+d_{2m})+1\geqslant12$ 或 $0.015(d_1+d_2)+1\geqslant12$	$0.036a+12$
地脚螺栓数目	n	$a\leqslant250$ 时，$n=4$ $a>250-500$ 时，$n=6$ $a>500$ 时，$n=8$		$n=\dfrac{箱底座凸缘周长之半}{200\sim300}\geqslant4$	4
轴承旁联接螺栓直径	d_1	$0.75d_f$			
箱盖与箱座联接螺栓直径	d_2	$(0.5\sim0.6)d_f$			
联接螺栓 d_2 的间距	l	$150\sim200$			
轴承端盖螺钉直径	d_3	$(0.4\sim0.5)d_f$			
窥视孔盖螺钉直径	d_4	$(0.3\sim0.4)d_f$			
定位销直径	d	$(0.7\sim0.8)d_2$			
螺栓扳手空间与凸缘宽度 — 安装螺栓直径	d_x	M8	M10	M12	M16	M20	M24	M30
至外箱壁距离	c_{1min}	13	16	18	22	26	34	40
至凸缘边距离	c_{2min}	11	14	16	20	24	28	34
沉头座直径	D_{cmin}	20	24	26	32	40	48	60
轴承旁凸台半径	R_1	c_2			
凸台高度	h	根据 d_1 位置及轴承座外径确定，以便于扳手操作为准			
外箱壁至轴承座端面距离	l_1	$c_1+c_2+(5\sim8)$			
大齿轮顶圆（蜗轮外圆）与内壁距离	Δ_1	$>1.2\delta$			
齿轮（锥齿轮或蜗轮轮毂）端面与内壁的距离	Δ_2	$>\delta$			
箱盖、箱座肋厚	m_1、m	$m_1\approx0.85\delta_1$　$m\approx0.85\delta$			
轴承端盖外径	D_2	$D+(5\sim5.5)d_3$；对嵌入式端盖，$D_2=1.25D+10$（D 为轴承外径）			
轴承端盖凸缘厚度	t	$(1\sim1.2)d_3$			
轴承旁联接螺栓距离	S	尽量靠近，以 M_{d1} 和 M_{d3} 互不干涉为准，一般取 $S\approx D_2$			

注：表中 a 为中心距。多级传动时，a 取最大值。对圆锥-圆柱齿轮减速器，按圆柱齿轮传动中心距取值。

（2）轴系结构分析

1）轴

设计轴的结构时，既要满足强度的要求，也要保证轴上零件的定位、固定和装配方便，并有良好的加工工艺性，所以轴的结构一般都做成阶梯形，如图 9-28 所示。阶梯轴径向尺寸（直径）的变化是根据轴上零件受力情况、安装、固定及轴表面粗糙度、加工精度等要求而定的；而轴向尺寸（各段长度）则是根据轴零件的位置、配合长度及支承结构确定的。

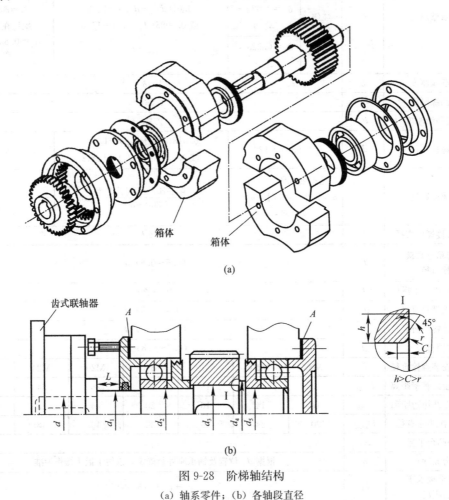

图 9-28　阶梯轴结构

（a）轴系零件；（b）各轴段直径

根据轴上各零件和支承的位置，在进行轴的结构分析时应注意以下问题：

① 各轴段直径

与滚动轴承配合的轴段，其轴径是标准值，一般是以 0、5 结尾的数值。由于一根轴上的轴承通常是成对使用的，故轴径 $d_5 = d_2$，如图 9-28（b）所示。与密封件配合的轴径 d_1 应符合密封标准直径要求，一般为以 0、2、5、8 结尾的轴径（详见密封标准）。

② 各轴段长度

分析各轴段的长度，通常由安装传动件如齿轮的轴段 d_3 开始，然后分别分析轴段

d_3、d_2、d 及 d_4、d_5 的长度，如图 9-28（a）所示。轴段 d_3 的长度由所装齿轮的轮毂宽度决定，但为了保证齿轮端面与套筒接触起到轴向固定作用，轴段 d_3 的长度要比齿轮轮毂宽度小 2～3mm。确定轴段 d_2 的长度时，要考虑齿轮端面与机体内壁的间距、滚动轴承在轴承座孔中的位置（与轴承润滑方式有关）和滚动轴承的座圈宽度。确定轴段 d_1 的长度时，既要考虑轴承端盖的结构尺寸，又要考虑定位轴肩的位置要求。轴段 d 的长度由轴上安装零件的轮宽度决定，但也要比轮毂宽度小 2～3mm。轴环 d_4 的宽度一般为轴环高度 h 的 1.4 倍，并要圆整，若为简化挡油板的结构，轴环的宽度可适度放大。轴段 d_5 的长度等于轴段 d_2 的长度减去（2～3)mm、减去轴段 d_4 的长度。

③ 锥齿轮轴系分析

装配中需要调整齿轮的轴向位置时（如为保证大、小锥齿轮锥顶重合），常将小锥齿轮轴系装在套杯内，构成一个独立组件，并可用调整垫片调整套杯轴向位置，从而将小锥齿轮调整到正确的安装位置，如图 9-29 所示。套杯用于固定轴承的凸肩高度，应按轴承安装尺寸要求确定。

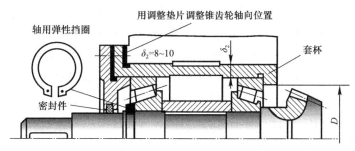

图 9-29 套杯结构与轴向位置的调整

2）传动零件结构分析

齿轮的结构形状和所采用的材料、毛坯尺寸大小及制造工艺方法有关。当齿轮齿顶圆直径 $d_a < 2d$ 或键槽底部到齿根圆距离 $x \leqslant 2.5 m_n$ 时，齿轮应做成齿轮轴，如图 9-30 所示；当齿顶圆直径 $d_a \leqslant 200$mm 时，可采用实心齿轮结构，如图 9-31 所示；当 $d_a < 500$mm 时，常用锻钢或铸钢制成腹板式结构，如图 9-32 所示；当 $d_a > 400～1000$mm 时，可采用轮辐式结构，如图 9-33 所示。

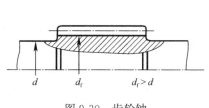

图 9-30 齿轮轴

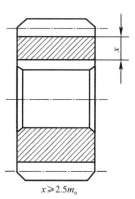

图 9-31 实心式齿轮

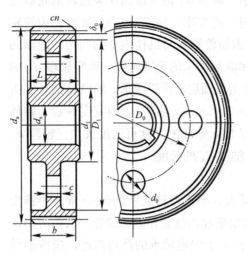

图 9-32　腹板式圆柱齿轮　　　　　图 9-33　轮辐式圆柱齿轮

① 齿轮的齿宽 b 是工作（接触）齿宽，这对相啮合的一对齿轮来说是相同的。对于圆柱齿轮传动，考虑装配时两齿轮可能产生的轴向位置误差，常取大齿轮齿宽 $b_2 = b$，而小齿轮齿宽 $b_1 = b +$（5～10）mm，以便于装配；对于锥齿轮传动，因为齿宽方向的模数不同，为了两齿轮能正确啮合，大小齿轮的齿宽必须相等，而且在齿轮的支承上也应相应地调整两齿轮位置，以使两齿轮模数相等的大端能够对齐。

② 蜗杆蜗轮结构中，蜗杆常与轴制成一体，称为蜗杆轴，如图 9-34 所示；仅在 $d_f/d \geqslant$ 1.7 时才将蜗杆齿圈与轴分开制造。

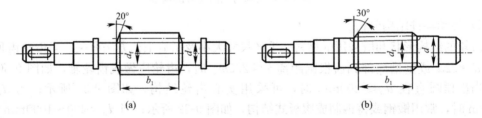

图 9-34　蜗杆轴

（a）车制蜗杆；（b）铣制蜗杆

3）箱体结构分析

减速器箱体是支承轴系部件、保证传动零件正常啮合、良好润滑和密封的基础部件，应具有足够的强度和刚度。箱体结构相对复杂，多用灰铸铁铸造；重型传动箱体，为提高强度，可用铸钢铸造；单件生产也可采用钢板焊接。

为便于轴系部件安装，箱体多由箱座和箱盖组成。剖分面多取轴的中心线所在平面，箱座和箱盖采用普通螺栓连接，圆锥销定位。剖分式铸造箱体的结构要点如下：

① 轴承座的结构

为保证减速器支承刚度，箱体轴承座处应有足够的厚度，并设置加强助。箱体加强肋有外肋和内肋两种结构形式。内肋结构刚度大，箱体外表面平整，但会增加搅油损耗，制造工艺也比较复杂；外肋或凸壁式箱体结构可在增加局部刚度的同时加大散热面积，采用较多，如图 9-35 所示。

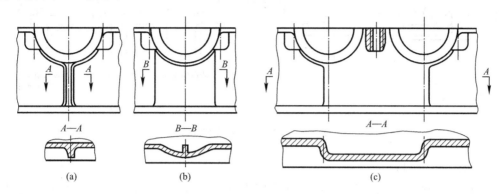

图 9-35　箱体加强助结构

（a）外肋式；（b）内肋式；（c）凸壁式

② 机体凸缘的结构

为保证机盖和机座的连接刚度，机盖和机座的凸缘应有一定的厚度。一般取凸缘厚度为机体壁厚的 1.5 倍，即 $b_1 = 1.5\delta_1$，$b = 1.5\delta$。机体座底的凸缘由于要承受较大的倾覆力矩，为了使之更好地固定在机架或地基上，其凸缘厚度尺寸应足够大，以保证具有足够的强度和刚度，一般取机体壁厚的 2.5 倍，即 $b_2 = 2.5\delta$，如图 9-36（a）所示。一般外凸缘的宽度 $B \geqslant \delta + c_1 + c_2$，以保证螺栓的安装。其中 δ 为机座壁厚，c_1、c_2 为根据连接螺栓直径确定的扳手空间尺寸，见表 9-3。

机体座凸缘底面的宽度 B 应超过机座的内壁，以利于支撑。图 9-36（b）符合要求，为正确结构，图 9-36（c）不符合要求，为不合理结构。

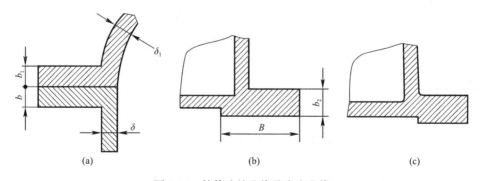

图 9-36　箱体连接凸缘及底座凸缘

③ 油沟的结构

当齿轮的圆周速度 $v > 2\text{m/s}$ 时，轴承需要利用传动零件飞溅起来的润滑油润滑。此时应在机座分箱面上开设输油沟，使溅起的油沿机盖内壁经斜面流入输油沟内，再经轴承盖上的导油槽流入轴承。输油沟的结构如图 9-37（a）所示。

输油沟有铸造油沟和机械加工油沟两种结构形式。机械加工油沟容易制造，工艺性好，故用得较多，其结构尺寸如图 9-37（b）所示。

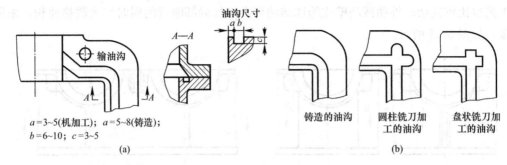

a=3~5(机加工); a=5~8(铸造);
b=6~10; c=3~5

(a)

铸造的油沟   圆柱铣刀加   盘状铣刀加
              工的油沟   工的油沟

(b)

图 9-37   输油沟的结构和尺寸

④ 箱体的中心高

箱体的中心高由油池深度确定。当传动零件采用浸油润滑时，对于圆柱齿轮，通常取浸油深度为一个齿高，锥齿轮浸油深度为 0.5~1 个齿宽，但不小于 10mm。为避免传动零件转动时将沉积在油池底部的污物搅起，造成齿面磨损，大齿轮齿顶距油池底面距离不小于 30~50mm，如图 9-38 所示。但浸油深度一般不超过传动件分度圆半径的 1/3，以免造成过大的搅油损失。对于下置式蜗杆减速器，油面高度一般不超过支承蜗杆轴滚动轴承最低滚动体的中心位置。

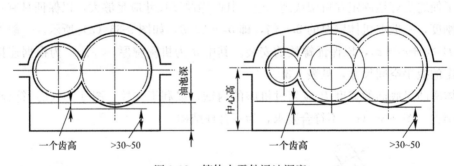

图 9-38   箱体中零件浸油深度

六、思考题

（1）如何保证箱体支撑具有足够的刚度？

（2）轴承座两侧的箱座、箱盖连接螺栓应如何布置？

（3）支撑螺栓凸台高度应如何确定？

（4）如何减轻箱体的质量和减少箱体加工面积？

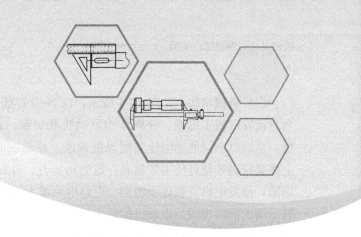

第十章　机械传动系统实验

 实验1　带传动实验

一、概述

带传动具有结构简单、传动平稳、传动距离大、造价低廉以及缓冲吸振等特点，在近代机械中被广泛应用。例如汽车、收录机、打印机等各种机械都采用不同形式的带传动。由于普通带传动是依靠带与带轮间的摩擦力来传递载荷，摩擦会产生静电，因此带传动不宜用于有大量粉尘的场合。

一方面，带的弹性模量较低，在带传动过程中会产生弹性滑动，导致带的瞬时传动比不是常量。另一方面，当带的工作载荷超过带与带轮间的最大摩擦力时，带与带轮间会产生打滑，带传动这时因不能正常工作而失效。

二、实验目的

（1）了解带传动实验台的结构和工作原理。

（2）掌握转矩、转速、转速差的测量方法，熟悉其操作步骤。

（3）观察带传动的弹性滑动及打滑现象。

（4）了解改变带的预紧力对带传动能力的影响。

三、实验要求

（1）测试带传动转速 n_1、n_2 和转矩 T_1、T_2。

（2）计算输出功率 P_2、滑动率 ε 和效率 η。

（3）绘制 P_2-ε 滑动率曲线和 P_2-η 效率曲线。

四、实验设备

本实验使用设备为 DCS-Ⅱ智能带传动实验台，实验台原理和外观如图 10-1 所示，主要由机械结构和电子系统两部分组成。

（1）机械结构。如图 10-1 所示，DCS-Ⅱ智能型传动实验台由一台直流电动机 5 和一台直流发电机 1 组成，分别作为原动机和负载。原动机由可控硅整流装置供给电动机电枢，从而以不同的端电压实现无极调速。原动机的机座设计成浮动结构（滚动结构），加上张紧砝码 8 便可使平带具有一定的初拉力。对发电机负载的改变是通过并联相应的负载电阻，使发电机负载逐步增加，电枢电流增大，随之电磁转矩增大，从而导致发电机负载转矩增大而实现的。电动机的输出转矩 T_1（即主动轮上的转矩）和发电机的输入转矩 T_2（即从动轮上的转矩）由拉力传感器 11 测出，直流电动机和直流发电机的转速由装在两带轮背后环形槽中的红外光电传感器测得。

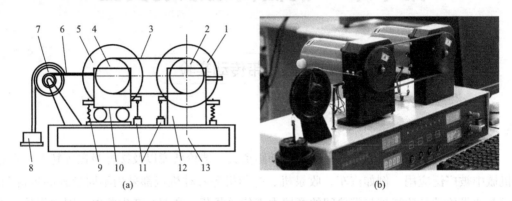

图 10-1　DCS-Ⅱ智能型带传动实验台

(a) 原理图；(b) 实物图

1—直流发电机；2—从动轮；3—传送带；4—主动轮；5—直流电动机；6—牵引绳；

7—滑轮；8—张紧砝码；9—拉簧；10—滑动支座；11—拉力传感器；12—固定支撑；13—底座

（2）电子系统。电子系统的结构框图如图 10-2 所示。实验台内附数据处理、信息记忆、自动显示等单片机，承担检测、计数功能。若外接 MEC-B 型机械运动参数测量仪，就可自动显示并打印输出有参数测试仪或微型计算机的曲线和数据。

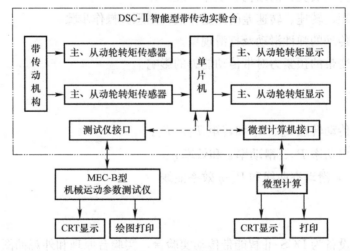

图 10-2　电子系统结构框图

五、实验步骤

（1）根据实验要求加初拉力（挂砝码）。

（2）打开电源前，应先将电动机调速旋钮沿逆时针轻旋到头，避免开机时电动机突然启动。

（3）打开电源，按一下"清零"键，当力矩显示由"."变为"0"时，校零结束，此时转速和力矩均显示为"0"。

（4）轻调速度旋钮，电动机启动，逐渐增速，最终将转速稳定在1000r/min左右。

（5）记录空载时（载荷指示灯不亮）主、从动轮的转速和转矩。

（6）按"加载"键一次，加载指示灯亮一个。调整电动机转速，使其保持在预定工作转速内（1000r/min左右），记录主、从动轮的转速和转矩。

（7）重复第6步，依次加载并记录数据，直至加载指示灯全亮为止。

（8）根据数据作出带传动的滑动率曲线（P_2-ε）和效率曲线（P_2-η）。

（9）先将电动机转速调至零，再关闭电源，避免以后的使用者因误操作而使电动机突然启动，发生危险。

（10）为了便于记录数据，在实验台面板上设置了"保持"键。每次加载数据基本稳定后，按一下"保持"键，即可使转速和转矩稳定在当时的显示值不变，按任意键可脱离"保持"状态。

六、思考题

（1）带传动的弹性滑动和打滑现象有何区别？它们产生的原因是什么？

（2）带传动的张紧力对传动力有何影响？最佳张紧力的确定与什么因素有关？

实验2　封闭功率流式齿轮传动效率实验

一、概述

由于齿轮传动功率比带传动与链传动大，在机器设计中得到广泛应用。齿轮有圆柱齿轮、圆锥齿轮、平面齿轮和不完全齿轮等；齿形有渐开线、摆线、圆弧、双圆弧、螺旋面等。由于渐开线齿轮传动具有瞬时传动比为定值、中心距可分性与啮合角不变性、对制造误差和安装误差不敏感，作用在轴上的载荷方向不变、加工工艺成熟等优点，因此是常用的轮齿齿形。齿轮传动效率高、结构紧凑、工作可靠、寿命长，传递的功率可达数十万千瓦，圆周速度可达 300m/s，最高转速可达 19600r/min，齿轮的直径可达数十米以上。

实际机械中齿轮传动的工作载荷谱的确定是比较复杂的问题，齿面固定点的载荷不仅仅是脉动变化的，而且有高频冲击的特点。同时啮合的轮齿间载荷是非平均分配的，而且在一个齿上沿接触线上的载荷也是非均匀分布的。在产品实验和实验室实验中常要进行齿轮传动的工作能力、寿命和效率的实验分析，在齿轮传动上所施加的功率（扭矩和转速）载荷谱是能准确分析实验结果、得到正确结论的关键，如果用制动器消耗掉在实验中所施加的功率，则造成能量浪费。因此，应讨论齿轮实验原理、实验方法与效率计算分析。

测定齿轮传动效率是本实验的主要内容，如何设计能耗低的齿轮传动实验台？在齿轮变速箱厂对所生产的大量齿轮要进行跑合实验，如何减少电能消耗呢？带着以上问题，预习本实验的内容。

二、实验目的

（1）了解封闭功率流式齿轮实验台的基本结构原理、特点及测定齿轮传动效率的方法；

（2）测定齿轮传动效率和功率。

三、实验内容

使用 CLS-Ⅱ型实验台进行齿轮传动效率实验。

四、实验设备

CLS-Ⅱ型实验台为小型台式封闭功率流式齿轮实验台，采用悬挂式摇摆齿轮箱不停机加载方式，加载方便，操作简单安全，耗能少。在数据处理方面，既可直接用抄录数据手工计算方法，也可以和计算机接口组成具有数据采集处理、结果曲线显示、信息储存和打印输出等多种功能的自动化处理系统。该系统具有重量轻、机电一体化相结合等特点。

本实验台可进行齿轮传动效率实验，小模数齿轮的承载能力实验。通过实验，使学生能了解封闭功率流式齿轮实验台的基本原理、特点及齿轮传动效率的测试方法。

1. 主要技术参数

（1）实验齿轮模数	$m=2\text{mm}$
（2）齿数	$z_4=z_3=z_2=z_1=38$
（3）中心距	$a=76\text{mm}$
（4）速比	$i=1$
（5）直流电机额定功率	$P=300\text{W}$
（6）直流电机转速	$n=0\sim1100\text{r/min}$
（7）最大封闭扭矩	$T_B=15\text{N·m}$
（8）最大封闭功率	$P_B=1.5\text{kW}$

2. 机械结构

齿轮实验台结构如图 10-3 所示，由定轴齿轮副、悬挂齿轮箱、双万向联轴器等组成一个封闭机械系统。

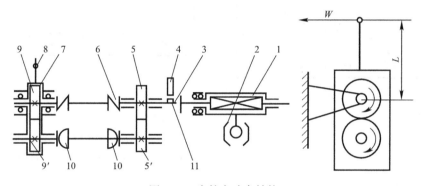

图 10-3 齿轮实验台结构

1—悬挂电机；2—转矩传感器；3—浮动联轴器；4—霍尔传感器；5-5′—定轴齿轮副；
6—刚性联轴器；7—悬挂齿轮箱；8—砝码；9-9′—悬挂齿轮副；10—万向联轴器；11—永久磁钢

电机采用外壳悬挂结构，通过浮动联轴器和齿轮相连，与电机悬臂相连的转矩传感器把电机转矩信号送入实验台电测箱，在数码显示器上直接读出。电机转速由霍尔传感器 4 测出，同时送往电测箱中显示。

3. 电子系统

（1）系统框图

实验系统框图如图 10-4 所示。实验台电测箱内附单片机，承担检测、数据处理、信息记忆、自动数字显示及传送等功能。若通过串行接口与计算机相连，就可由计算机对所采集数据进行自动分析处理，并能显示及打印齿轮传递效率 η-T_9，曲线及 T_1-T_9 曲线和全部相关数据。

（2）操作部分

操作部分主要集中在电测箱正面的面板上，面板的布置如图 10-5 所示。在电测箱背面备有微机 RS-232 接口，转矩、转速输入接口等，其布置情况如图 10-6 所示。

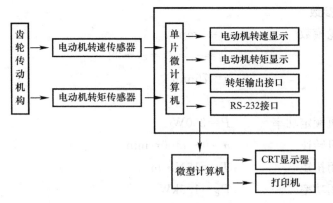

图 10-4　实验系统框图

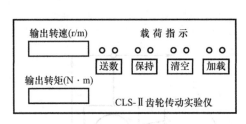

图 10-5　电测箱面板布置图

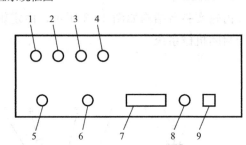

图 10-6　电测箱后板布置图

1—调零点位器；2—转矩放大倍数电位器；3—力矩
输出接口；4—接地端子；5—转速输入接口；6—转
矩输入接口；7—RS-232 接口；8—电源开关；9—电源插座

五、实验原理

首先介绍封闭功率流的概念，图 10-7（a）是一个定滑轮机构，要使重物 Q 以匀速 v 上升，必须在滑轮 1 右边加上力 P，克服重物 Q 和摩擦阻力 F_f。右边绳上所加的外力功率是 $Pv = Qv + F_f v$，它完全是由外力产生的。图 10-7（b）利用手轮和弹簧装置，把左边绳中的拉力调节到等于 Q，然后在右边绳子上只需加上一个克服摩擦的力，就可使左边绳子以匀速 v 上升。在图 10-7（a）的设计中，功率 $N_1 = Pv = Qv + F_f v$ 都是外力产生的，并且消耗在增加重物 Q 的势能和滑轮的摩擦上。在图 10-7（b）的系统中，所加外力仅仅是 F_f，而 Qv 不再是外力产生的，而是内平衡力产生的，外加功率仅是 $N_2 = F_f v$。由于摩擦力 F_f 的值一般很小，这个系统的能耗小，功率 Qv 是平衡内力产生的，称之为封闭功率。这种封闭功率系统原理也可以用于齿轮实验。

图 10-8（a）由两对齿轮副 Z_a、$Z_{a'}$ 和 Z_b、$Z_{b'}$ 组成，并且要求有 $\dfrac{Z_b}{Z_a} = \dfrac{Z_{b'}}{Z_{a'}}$，两对齿轮副的中心距也要相等。假设传递的扭矩为 T，则系统的功率为式（10-1）所示，电机功率可由式（10-2）计算。式中 n_a 为齿轮 a 转速（r/min），η 为系统效率。

$$N_3 = \frac{T n_a}{9550} \tag{10-1}$$

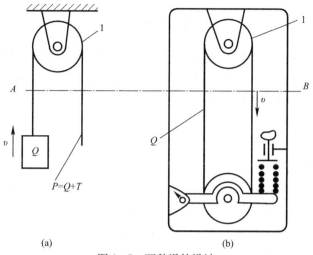

图 10-7　两种滑轮设计

1—滑轮

$$N_M = \frac{N_3}{\eta} \tag{10-2}$$

图 10-8（b）利用半联轴器 2 和 4 及中间轴 3 把齿轮 a 和 a' 连接起来，组成封闭系统，并在这个联轴器上加载扭转 T，这时齿轮的工作功率仍是 Tn_a，但是这个功率并不由电动机提供，电动机只提供摩擦阻力所消耗的功率，即只提供功率 $(1-\eta)Tn_a$，其中力矩 T 当齿轮不转动时也存在，是由封闭系统中的平衡内力产生的，称为封闭力矩。这时电动机提供的克服摩擦的功率为：

$$N_M = N_4 = \frac{Tn_a}{\eta_{a'b'}\eta_{ba}} - Tn_a = \frac{Tn_a}{\eta_{a'b'}\eta_{ba}}(1 - \eta_{a'b'}\eta_{ba}) \tag{10-3}$$

若 $\eta_{a'b'} \approx \eta_{ab} = \eta$，则：

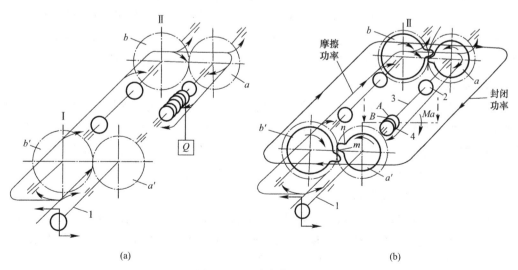

图 10-8　两种齿轮实验台

1—悬挂电机输出轴；2、4—半联轴器；3—中间轴

$$N_M = N_4 = \frac{Tn_a}{\eta^2}(1-\eta^2) \tag{10-4}$$

要获得封闭力矩就必须有特殊加载装置，系统设计中一般的加载装置有直接扭转加载装置、螺旋运动加载装置、摇摆齿轮箱加载装置、行星差动齿轮机构加载装置和惯性加载装置。本实验中的实验台采用的是摇摆齿轮箱加载装置。

六、实验步骤

1. 人工记录操作方法

（1）系统连接及接通电源

齿轮实验台在接通电源前，应首先将电机调速旋钮逆时针转至最低速"0速"位置，将传感器转矩信号输出线及转速信号输出线分别插入电测箱后板和实验台上相应接口上，然后按电源开关接通电源。打开电测箱后板上的电源开关，并按一下"清零"键，此时，输出转速显示为"0"，输出转矩显示数"."，实验系统处于"自动校零"状态。校零结束后，力矩显示为"0"。

（2）转矩零点及放大倍数调整

1）零点调整

在齿轮实验台不转动及空载状态下，使用万用表接入电测箱后板力矩输出接口 3（图 10-6）上，电压输出值应在 1～1.5V 范围内，否则应调整电测箱后板上的调零电位器（若电位器带有锁紧螺母，则应先松开锁紧螺母，调整后再锁紧）。

零点调整完成后按一下"清零"键，待转矩显示"0"后表示调整结束。

2）放大倍数调整

"调零"完成后，将实验台上的调速旋钮顺时针慢慢向"高速"方向旋转，电机启动并逐渐增速，同时观察电测箱面板上所显示的转速值。当电机转速达到 1000r/min 左右时，停止转速调节，此时输出转矩显示值应在 0.98～1N·m（此值为出厂时标定值），否则通过电测箱后板上的转矩放大倍数电位器加以调节。调节电位器时，转速与转矩的显示值有一段滞后时间。一般调节后待显示器数值跳动两次即可达到稳定值。

（3）加载

调零及放大倍数调整结束后。为保证加载过程中机构运转比较平稳，建议先将电机转速调低。一般实验转速调到 500～800r/min 为宜。待实验台处于稳定空载运转后（若有较大振动，要按一下加载砝码吊篮或适当调节一下电机转速），在砝码吊篮上加上第一个砝码。观察输出转速及转矩值，待显示稳定（一般加载后转矩显示值跳动 2～3 次即可达稳定值）后，按一下"保持"键，使当时的转速及转矩值稳定不变，记录下该组数值。然后按一下"加载"键，第一个加载指示灯亮，并脱离"保持"状态，表示第一点加载结束。

在吊篮上加上第二个砝码，重复上述操作，直至加上八个砝码，八个加载指示灯亮，转速及转矩显示器分别显示"8888"表示实验结束。

根据所记录下的八组数据便可作出齿轮传动的传动效率 η-T_9 曲线及 T_1-T_9 曲线。

注：在加载过程中，应始终使电机转速基本保持在预定转速。

在记录下各组数据后，应先将电机调速至零，然后再关闭实验台电源。

2. 与计算机接口实验方法

在 CLS-Ⅱ型齿轮传动实验台电控箱后板上设有 RS-232 接口，通过所附的通信连接线和计算机相连，组成智能齿轮传动实验系统，操作步骤为：

（1）系统连接及接通电源

在关电源的状态下将随机携带的串行通信连接线的一端接到实验台电测箱的 RS-232 接口，另一端接入计算机串行输出口（串行口 1 号或 2 号均可，但无论联线或拆线时，都应先关闭计算机和电测箱电源，否则易烧坏接口元件）。其余方法同前。

转矩零点及放大倍数调整方法同前。

（2）打开计算机

打开计算机，点击齿轮传动实验，系统主界面如图 10-9 所示。本界面主要是用来切换多个实验系统界面的平台，配有 8 个实验系统，同时还有串口配置、仪器配置、帮助、退出。

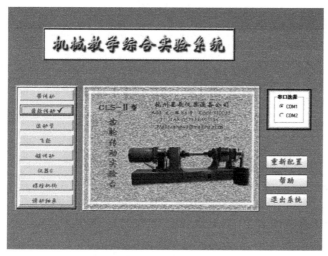

图 10-9　系统主界面

首先对串口进行选择，如有必要，在串口选择下拉菜单中有一栏机型选择，选择相应的机型，然后点击数据采集功能，等待数据的输入。

串口配置中含有 COM1 和 COM2，使用本界面时应选择串口，其中 COM1 的指定位置是 3F8，COM2 的指定位置是 2F8。

仪器配置：单击仪器配置按钮，将切换到仪器配置界面，可对 8 个通道中的仪器进行配置，按配置结束返回到主界面。

退出：单击该按钮将退出本界面。

（3）加载

同样，加载前就先将电机调速至 500～800r/min 之间，并在加载过程中应始终使电机转速基本保持在预定值。

1）实验台处于稳定空载状态下，加上第一个砝码，待转速及转矩显示稳定后，按一下"加载"键（注：不需按"保持"键）第一个加载指示灯亮。加第二个砝码，显示稳定后再按一下"加载"键，第二个加载指示灯亮，第二次加载结束。如此重复操作，直至加上八个砝码，按八次"加载"键，八个加载指示灯亮。转速、转矩显示器都显示"8888"，表明数据采集结束。将电机调速至"0"并卸下所有砝码。

2）按电测箱面板上的"送数"键，当确认传送数据无误（否则再按一下"送数"键）后，用鼠标选择"数据分析"功能，屏幕上显示本次实验的曲线和数据。接下来就可以进行数据拟合等一系列的工作了。如果在采集数据过程中，出现采不到数据的现象，请检查串口是否接牢，然后重新选择另一串口，重新采集，如果采集的数据有错，请重新用实验台产生数据，再次采集。

3）移动功能菜单的光标至"打印"功能，打印机将打印实验曲线和数据，实验台信号采集系统界面如图 10-10 所示。

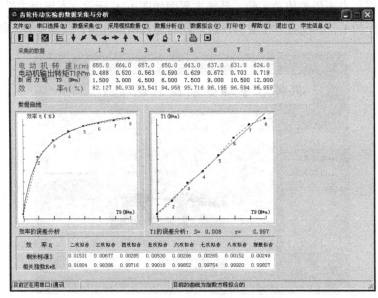

图 10-10　实验台信号采集系统界面

4）实验结束后，用鼠标点击"退出"菜单，即可退出齿轮实验系统。退出后应及时关闭计算机及实验台电测箱电源。

5）注意：如需拆、装 RS-232 串行通信线，必须将计算机及实验台的电源关断。

3. 注意事项

（1）计算机的开启与关闭必须按计算机操作方法进行，不得任意地删除计算机中的程序文件。

（2）实验台为开式传动，请注意人身安全。

七、思考题

（1）T_9-T_1 基本上为直线关系，为什么 T_9-η 为曲线关系？

（2）哪些因数影响齿轮传动的效率？加载力矩的测量中存在哪些误差？

（3）本实验测定了齿轮传动的效率，如何测定齿轮传动的接触强度、弯曲强度呢？

实验3　机械传动系统组合实验

一、概述

传动装置是大多数机器的主要组成部分。一台完整的工作机器通常是由动力机、传动装置、控制系统和工作机等共同组成的。而传动装置作为将动力机的运动与动力传递和变换到工作机的中间环节，其主要功能为：①能量的传递与分配；②速度的调节与改变；③运动形式的变换。

通常情况下传动可分为机械传动、流体传动和电力传动3大类。

机械传动在机器中是一种最基本、最常用的传动形式，按其传递动力的方法可分为摩擦传动和啮合传动；摩擦传动和啮合传动又均可分为直接接触的和有中间挠性件的两种。机械传动的分类见表10-1所示。

机械传动的分类　　　　　　　　　　　　　　　　　　　表 10-1

机械传动分类	直接接触的传动杆	有中间挠性件的传动
摩擦传动	摩擦轮传动	带传动 绳传动
啮合传动	齿轮传动 蜗杆传动 螺旋传动 凸轮机构、连杆机构、组合机构等	链传动 同步带传动

就通常情况而言，摩擦传动的外廓尺寸较大、传动效率较低，由于弹性滑动和打滑等原因，其传动比不能保持恒定，但其运行平稳、无噪声、结构简单、制造安装方便、成本低；而啮合传动则具有外廓尺寸小、传动效率高、传动比恒定、功率范围广、工作可靠、寿命长，但制造费用高、精度低时振动、噪声大等特点。各种机械传动的主要特性见表10-2所示。

机械传动中，传动效率（通常用百分比"％"表示）表示能量的利用程度，是评定机械传动装置优劣的重要指标之一。传动效率的高低也间接体现了传动的发热和磨损。

传动装置在机器中可以做成单级的和多级的，也可以是由各种传动组合而成。

在单流多级机械传动系统中，传动系统的总传动效率等于各级传动效率的连乘积。在各种机械传动中，一般说来传动效率由高到低依次为：齿轮传动、链传动、带传动及蜗杆传动。

多级机械传动的总传动比等于各级传动比的连乘积。各种单级机械传动的最大单级传动比见表10-2所示。通常情况下传动尺寸是限制各种机械传动最大传动比（单级）的主要因素。

设计、选用机械传动系统时，一般情况下可能会有几种不同的传动方案同时满足条件，通常可根据效率、成本、体积、重量、维护保养等方面进行全面比较，从中选择一种综合性能较好、性价比较高的方案。

各种机械传动的主要特征　　　　　　　　　　　　表 10-2

特性	摩擦传动			啮合传动		
	摩擦轮传动	平带传动	V 带传动	齿轮传动	蜗杆传动	链传动
传动效率 η（%）	80~90	94~98	90~96	95~99	50~90	92~98
圆周速度 v_{max}（m/s）	25（20）	60（10~30）	30（10~20）	150（15）	35（15）	40（5~20）
单级传动比 i_{max}	20（5~12）	7（5）	10~（7）	8（5）	1000（8~100）	15（8）
传动功率 P_{max}（kW）	200（20）	3500（200）	500	40000	750（50）	3600（100）
中心距大小	小	大	中	小	小	中
传动比是否准确	否	否	否	是	是	是（平均）
能否过载保护	能	能	能	否	否	否
缓冲、减振能力	因摩擦轮材质而异	好	好	差	差	有一些
寿命长短	因摩擦轮材质而异	短	短	长	中	中
噪声	小	小	小	大	小	大
价格（包括轮子）	中等	廉	廉	较贵	较贵	中等

注：（ ）内为常用数字；对于蜗杆传动，v_{max} 为最大相对滑动速度 v_{smax}

　　机械传动系统组合实验是测试与分析机械传动特性的基本实验，它是分析与研究机械传动装置的特性以及进行机械传动装置创新性设计等的重要实践基础。

二、实验目的

　　（1）通过测试常见机械传动装置（如带传动、链传动、齿轮传动、蜗杆传动等）在传递运动与动力过程中的参数曲线（速度曲线、转矩曲线、传动比曲线、功率曲线及效率曲线等），加深对常见机械传动性能的认识和理解。

　　（2）通过测试由常见机械传动装置组成的不同传动系统的参数曲线，掌握机械传动合理布置的基本要求。

　　（3）通过实验认识机械传动综合实验台的工作原理，掌握计算机辅助实验的新方法，培养进行设计性实验与创新性实验的能力。

三、实验内容

　　实验内容包括两个单元：单一传动系统单元和传动系统综合运用单元，见表 10-3、表 10-4。在规定的学时内，从"单一传动系统单元实验题目"中选择至少 1 项、"传动系

单一传动系统单元实验题目　　　　　　　　　　　　表 10-3

实验题目序号	实验题目名称	传动件类型（选择一种）	内容及要求
实验题目 1	带传动系统实验	V 带 同步带 圆带	设计带传动组成方案，并进行搭接、校准，计算传动比，调整负载大小并观察传动比的变化，找出带工作过程中滑差率的影响因素，并填写实验报告

续表

实验题目序号	实验题目名称	传动件类型（选择一种）	内容及要求
实验题目 2	圆柱齿轮传动系统	直齿 斜齿	设计圆柱齿轮传动系统的传动组成方案，并进行搭接、校准，计算传动比等，掌握齿侧间隙的确定及测量方法，并填写实验报告
实验题目 3	链传动系统实验		设计链传动组成方案，了解链传动的构成、认识组成元件；掌握单排滚子链的结构及其安装、校准的方法；调整负载大小并观察运转情况，并与其他传动形式进行对比，填写实验报告
实验题目 4	蜗轮蜗杆传动机构		设计带传动组成方案，并进行搭接、校准，计算传动比；调整负载大小并观察运转情况，并与其他传动形式进行对比，填写实验报告

传动系统综合运用单元实验题目　　　　表 10-4

实验题目序号	实验题目名称	内容及要求
实验题目 5	多轴、混合轴齿轮传动系统实验	了解多轴、混合轴齿轮传动系统的功能及其应用；确定传动方案，输出轴转向、转速、力矩、传动比的计算，能正确选择使用联轴器，填写实验报告
实验题目 6	齿轮传动与 V 带传动组合实验	将两种传动方案分别搭接成：V 带传动（高速）-齿轮（低速）、齿轮传动（高速）-V 带（低速）；分析传动方案的合理性，观测传动系统的运转情况，并给出初步的结论
实验题目 7	V 带传动与链传动组合实验	将两种传动方案分别搭接成：V 带传动（高速）-链传动（低速）、链传动（高速）-V 带传动（低速）；分析传动方案的合理性，观测传动系统的运转情况，并给出初步的结论
实验题目 8	同步带传动与齿轮传动组合实验	将两种传动方案分别搭接成：同步带传动（高速）-齿轮传动（低速）、齿轮传动（高速）-同步带传动（低速）；分析传动方案的合理性，观测传动系统的运转情况，并给出初步的结论
实验题目 9	链传动与齿轮传动组合实验	将两种传动方案分别搭接成：链传动（高速）-齿轮传动（低速）、齿轮传动（高速）-链传动（低速）；分析传动方案的合理性，观测传动系统的运转情况，并给出初步的结论
实验题目 10	V 带传动与蜗轮蜗杆传动组合实验	将两种传动方案分别搭接成：V 带传动（高速）-蜗轮蜗杆传动（低速）、蜗轮蜗杆传动（高速）-V 带传动（低速）；分析传动方案的合理性，观测传动系统的运转情况，并给出初步的结论
实验题目 11	链传动与蜗轮蜗杆传动组合实验	将两种传动方案分别搭接成：链传动（高速）-蜗轮蜗杆传动（低速）、蜗轮蜗杆传动（高速）-链传动（低速）；分析传动方案的合理性，观测传动系统的运转情况，并给出初步的结论
实验题目 12	链传动、齿轮传动、V 带传动综合运用实验	实验者可将三种传动形式自主地通过设计组合，成为传动功能完整的机械系统

统综合运用单元实验题目"中选择至少 1 项，自主完成设计并搭接；根据实验项目的要求，制定实验初步方案，在实验台所提供的硬件系统中，选择零配件，并完成系统制作与校准等内容要求。

四、实验设备

本实验主要应用的设备为 JXJCD-F 创意组合机械传动综合检测实验系统，由电机、磁粉加载器、轴承支座、直齿圆柱齿轮传动、斜齿圆柱齿轮传动、蜗杆传动、V 带传动、同步带传动和滚子链传动等模块构成。另外还有相应的实验软件支持，系统性能参数的测量通过测试软件控制。学生根据自己的实验方案进行传动连接，安装调试和测试，进行设计性实验、综合性或创新性实验。

（1）实验台硬件说明

实验台组成部件的主要技术参数见表 10-5。

实验台组成部件的主要技术参数　　　　　　　　　表 10-5

序号	组成部件	技术参数	备注
1	变频调速电动机	功率：90W 转速：1350r/min 中心高：63mm 轴径长度： $\phi 15 \times 32$，5mm	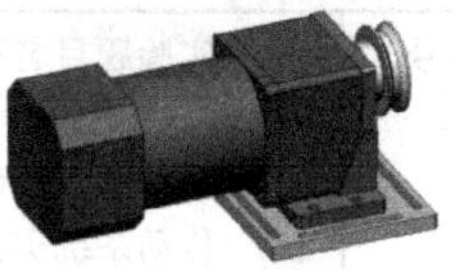
2	ZJ 型扭矩传感器	① 规格：5N·m 输出信号幅度不小于 100mV ② 规格：50N·m 输出信号幅度不小于 100mV	转矩转速传感器
3	机械传动装置	直齿圆柱齿轮减速器 （$z_1 = 20$，$z_2 = 40$）	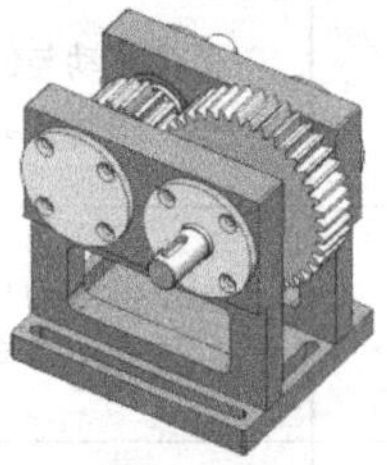
		蜗杆减速器（$z_1 = 1$，$z_2 = 30$）	
		带传动（V 带，同步带，圆带）	  

续表

序号	组成部件	技术参数	备注
3	机械传动装置	套筒滚子链传动 （$p=12$、7，$z=20$）	
4	磁粉制动器	额定转矩：50N·m； 允许滑差功率：1.1kW	
5	工控机	7寸（233mm）触摸屏， 调速旋钮，开关	

（2）实验台硬件连接

1）将工控机电源插在电源插座上，电源插头应有效接地。

2）将主电机、磁粉制动器、转矩转速传感器与工控机连接，插线位置在工控机背面（图10-11）。

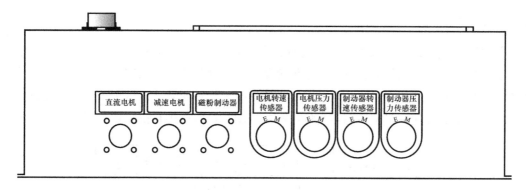

图10-11 工控机背板接线图

（3）控制面板操作介绍

实验台控制面板如图10-12所示。

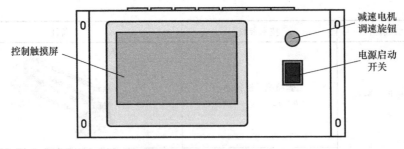

图 10-12　实验台控制面板

采用自动控制测试技术，所有电机为程控启动、停止，转速程控调节，负载程控调节，用扭矩测量卡替代扭矩测量仪，整台设备能自动进行数据采集处理，自动输出实验结果。其控制系统主界面如图 10-13 所示。

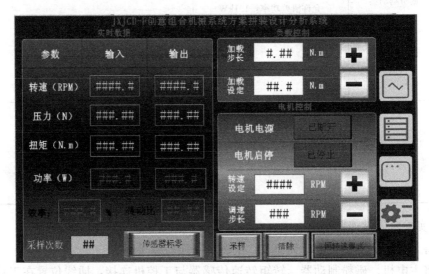

图 10-13　控制系统主界面

五、实验原理

JXJCD-F 创意组合机械传动综合检测实验台工作原理框图如图 10-14 所示。变频电动机、扭矩传感器、机械传动装置、扭矩传感器、负载调节装置之间用联轴器连接。工控机控制变频电动机线性调节转速，变频电动机通过扭矩传感器驱动机械传动装置。变频电动机的输出转矩和转速由扭矩传感器测量，机械传动装置后连接有扭矩传感器，并且系统末

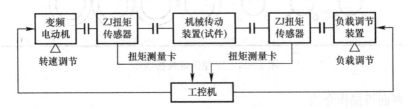

图 10-14　实验台工作原理框图

端有加载装置，负载可通过工控机进行调节。两个扭矩传感器的测量数据通过工控机进行计算和显示。

实验利用实验台的自动控制测试技术能自动测试出机械传动的性能参数，如转速 $n(\mathrm{r/min})$、转矩 $T(\mathrm{N \cdot m})$ 等，并按照以下关系自动绘制参数曲线：

$$i = \frac{n_1}{n_2} \tag{10-5}$$

$$P = \frac{T_n}{9550} \tag{10-6}$$

$$\eta = \frac{P_2}{P_1} = \frac{T_2 n_2}{T_1 n_2} \tag{10-7}$$

式中　i——传动比；

　　　P——功率（kW）；

　　　η——传动效率。

六、实验过程与步骤

1. V 带传动系统实验过程要点

（1）主要组成零部件及必要工具：电机、电机支撑座、水平仪、百分表与磁性表座、直尺、转速表等。

（2）选择主动带轮、从动带轮并测量带轮直径 D_1、D_2，计算传动比。

（3）搭接 V 带传动系统，进行试运转实验，调整制动力的大小，改变 V 带张紧力。

（4）测试弹性滑动与打滑对转速输出的影响。

（5）搭接过程要测试轴及带轮的径向跳动、轴的水平度，制动器安装在从动轴上。

（6）安装完毕进行检查，经指导老师确认后做好开机准备。

（7）开机并做相关的测试，记录数据。

2. 链传动系统实验过程要点

（1）选择传动中的链轮，测量主动、从动链轮齿数，计算传动比，系统为减速传动。

（2）安装并校准单排滚子链传动硬件系统，检查轴的安装精度，安装简易传动输出制动器。

3. 单级齿轮传动要点

从实验台硬件系统中确定一种单级齿轮传动方式，可以是单级锥齿轮、斜齿轮、直齿轮传动中的任意一种形式，转速输出结果为减速传动。测量齿轮主要的特征参数，对于齿侧间隙的测量可采用简易方法，即用保险丝放入两齿轮啮合处，用游标卡尺测量其厚度，并做好数据记录。

4. 多轴传动系统实验过程要点

根据实验台所提供的硬件条件，设计三轴以上的多轴齿轮传动系统，此系统的传动方式完全由同学自主设计并搭接完成，要求转速输出为减速传动，总传动比不小于 10，可包括直齿轮传动（平行轴传动）、圆锥齿轮传动（相交轴传动），合理分配传动比，画出设计传动方案的机构简图，做必要的数据记录。

5. 传动组合实验过程的要点

V带传动、齿轮传动、链传动都是机械传动系统中经常应用的传动方式，由于有各自的应用特点，实际中经常出现两种甚至两种以上的组合传动方式，如：利用V带传动能够减少传动系统的冲击和振动，以及实现过载自保护功能；齿轮传动能够传递较大转矩和极高的传动效率；链传动不仅能减少传动冲击而且能够实现大中心距的平行轴传动。

可以自主拟定传动组合方案，可以是任意两种传动形式的组合，也可以是三种传动形式的组合，总的传动比选择在10~15之间为宜（图10-15）。搭接制作时选择V带传动为高速级，注意各级传动安装精度的调整。画出传动系统组成方案简图，分析传动平稳性的影响因素。

(a)　　　　　　　　　　　(b)

图10-15　传动组合示例

七、实验记录

1. V带传动系统实验记录（表10-6）

V带传动系统实验记录　　　　表10-6

加载情况	主动带轮直径 D_1	主动带轮转速 n_1	从动带轮直径 D_2	从动带轮转速 n_2	理论传动比 i_1	实际传动比 i_2
轻载						
重载						
过载						

2. 链传动系统实验记录（表10-7）

链传动系统实验记录　　　　表10-7

加载情况	主动链轮齿数 z_1、节距 p_1	从动链轮齿数 z_2、节距 p_2	中心距 a	输入轴转速 n_1	输出轴转速 n_2
轻载					
过载					

3. 单级齿轮传动实验记录 (表 10-8)

单级齿轮传动实验记录   表 10-8

齿轮特征参数	小齿轮	大齿轮
齿数 z、模数 m		
分度圆直径 d		
标准中心距 a		
齿侧间隙		

4. 多轴传动系统实验记录 (表 10-9)

多轴传动系统实验记录   表 10-9

传动轴数	总传动比	输入轴转速	输出轴转速	输入轴转向	输出轴转向

5. 传动组合实验记录

画出传动系统组成方案简图，分析传动平稳性的影响因素。

八、思考题

（1）解释 V 带传动的弹性滑动和打滑概念，如何减轻和避免弹性滑动和过载打滑现象？

（2）V 带传动为什么作为高速级传动？

（3）请说明齿轮传动的齿侧间隙的作用及其对齿轮传动性能的影响。

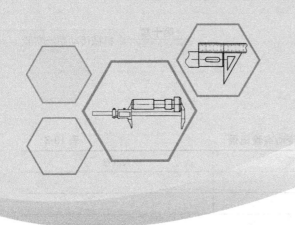

附　录

附录A　现代测绘测量技术及装备

A.1　三维激光扫描技术

三维激光扫描技术是通过激光扫描测量的方法，获取被测对象表面的三维坐标数据，采集空间点位信息，快速建立物体的三维影像模型的技术手段。激光测距对于激光扫描定位、获取空间三维信息具有十分重要的作用。

测距方法有三角法、脉冲法、相位法。三角法借助三角形的几何关系，求得扫描中心到扫描对象的距离。三角法测量距离较短，适合于近距测量，测量范围几厘米到几米，精度可达微米级，适合机械零部件的高精度测量。脉冲法通过测量发射和接收激光脉冲信号的时间差，来间接获得被测目标的距离。脉冲法测量距离较远（几百米到几百千米），但是其测距精度较低（厘米级），现在大多数三维激光扫描仪都是使用这种测距方式。相位法通过测定调制光信号在被测距离上，往返传播所产生的相位差，间接测定往返时间，并进一步计算出往返距离。相位法是一种间接测距方式，测距精度较高，主要应用在精密测量和医学研究，精度可达毫米级。

测角方法有角位移测量法和线位移测量法。角位移测量法中，扫描仪工作由步进电机驱动，由步进电机步距角和步数获得角位移。线位移测量法，当三维激光扫描仪转动时，射出的激光束将形成线性的扫描区域，CCD记录线位移量，根据其与距离 S 的比值则可以得到扫描角度值。

三维激光扫描仪通过内置伺服驱动电机系统精密控制多面扫描棱镜的转动，决定激光束出射方向，从而使脉冲激光束沿横轴方向和纵轴方向快速扫描。三维激光扫描技术的主要优点如下：

（1）非接触测量；

（2）数据采样率高；

（3）主动发射扫描光源，不受扫描环境影响；

（4）具有高分辨率；

（5）数字化采集，兼容性好；

（6）易扩展性，易于和其他设备结合。

A.2 三维扫描仪与三维系统

三维扫描仪与三维系统可以对机械零部件进行逆向工程和超精确 3D 测量。三维扫描仪可获取复杂物体的外形特征，协助工程师完成对各类产品的逆向工程。

三维激光扫描仪可以捕捉实物的真实形态和外观，然后将其转换为点云或多边形网格（比如 STL 文件格式）。通过扫描各种不同尺寸、形状和材料的物体，为用户呈现出高质量、精准的模型。

（1）手持式 3D 扫描仪

手持式 3D 扫描仪（图 A-1）是一款便携式设备，操作人员可以通过在物体周围移动扫描仪来实现扫描，可以高效捕捉复杂形状和表面细节。手持式 3D 扫描仪的灵活性使其非常适用于扫描那些难以移动或接近的物体，如汽车零件、天然气管道等。

（2）光学跟踪式 3D 扫描仪

光学跟踪式 3D 扫描仪（图 A-2）采用跟踪器来定位三维扫描仪，无需贴点，即可捕捉物体的形状和位置，适用于需要进行精确测量的大型物体，比如飞机部件、风力发电叶片等。在工业领域和逆向工程中，光学跟踪式 3D 扫描仪发挥着重要作用。

图 A-1　手持式
3D 扫描仪

（3）自动三维扫描系统

自动三维扫描系统（图 A-3）集成了机械臂、三维扫描仪和智能控制系统，实现了对物体的自动扫描，无需人工干预，非常适用于需要进行大批量质量控制或检测的工业部件等物体。自动三维扫描系统提高了扫描效率，同时确保了数据的一致性和准确性，为工业生产提供了高效、可靠的解决方案。

图 A-2　光学跟踪式 3D 扫描仪　　　　　图 A-3　自动三维扫描系统

机械设计与测量综合实验

附录B　现代精密测量技术及装备

B.1　激光跟踪仪

激光跟踪仪主要用于百米大尺度空间三维坐标的精密测量，集激光干涉测距技术、光电检测技术、精密机械技术、计算机及控制技术、现代数值计算理论于一体，是同时具有微米级别精度、百米工作空间的高性能光电仪器。

激光跟踪仪系统由计算机、跟踪测量站、目标镜组成，将水平和垂直两个方向的角度测量与距离测量结合在一起，构成一个球坐标测量系统；通过目标镜完成空间几何元素测点信息的获取，并通过三维数据分析软件完成对空间几何元素尺寸、尺寸公差与形位公差、空间曲面与曲线的分析计算工作，满足高端精密制造的大尺寸三维空间测量需求。

激光跟踪仪可用于尺寸测量、安装、定位、校正和逆向工程等应用，是功能强大的计量检测工具，广泛应用在各种大尺度空间精密测量领域，如在航空航天领域对飞机零部件及装配精度的测量；在机床行业中对机床平面度、直线度、圆柱度等的测量；在汽车制造中对车型的在线测量；在高端制造中对运动机器人位置的精确标定。此外，激光跟踪仪还可以广泛应用于造船、轨道交通、核电等先进制造各个领域。

如图 B-1 为 GTS 激光跟踪仪，支持隐藏点测量、6D 姿态测量、转站测量、组网测量等，在测量半径范围内（测量半径可达80m）可用于测量：长度、运行轨迹、角度、圆度、直线度、平面

图 B-1　GTS激光跟踪仪

度、垂直度、水平度、同轴度、平行度、圆柱度、位置度和其他形位公差等。

B.2　白光干涉仪

白光干涉仪（图 B-2）是用于对各种精密器件及材料表面进行亚纳米级测量的光学检测仪器。它是以白光干涉技术为原理，结合精密 Z 向扫描模块、3D 建模算法等对器件表面进行非接触式扫描并建立表面 3D 图像，通过系统软件对器件表面 3D 图像进行数据处理与分析，并获取反映器件表面质量的 2D、3D 参数，从而实现器件表面形貌 3D 测量的光学检测仪器。可测各类从超光滑到粗糙、低反射率到高反射率的物体表面，从纳米到微米级别工件的粗糙度、平整度、微观几何轮廓、曲率等，对各种产品、部件和材料表面的平面度、粗糙度、波纹度、面形轮廓、表面缺陷、磨损情况、腐蚀情况、孔隙间隙、台阶高度、弯曲变形情况、加工情况等表面形貌特征进行测量和分析。

（1）白光干涉仪原理

光源发出的光经过扩束准直后经分光棱镜后分成两束，一束经被测表面反射回来，另外一束光经参考镜反射，两束反射光最终汇聚并发生干涉，显微镜将被测表面的形貌特征

176

转化为干涉条纹信号，通过测量干涉条纹的变化来测量表面三维形貌。

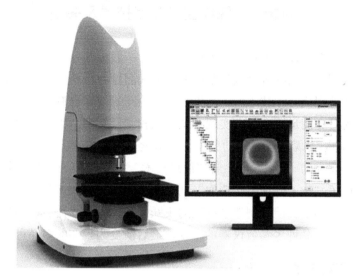

图 B-2　白光干涉仪

（2）白光干涉仪应用

白光干涉仪可广泛应用于半导体制造及封装工艺检测、3C 电子玻璃屏及其精密配件、光学加工、微纳材料及制造、汽车零部件、MEMS 器件等超精密加工领域及航空航天、国防军工、科研与高等教育等行业中。

附录C　现代齿轮测量技术及装备

　　齿轮测量技术的发展迄今为止已有近百年历史，一般将其分为以齿廓、齿向与齿距测量为基础的分析式测量，以综合测量为基础的功能式测量和将单项与综合集于一体的齿轮整体误差测量。随着现代科学技术的不断进步，齿轮测量技术也有了新的发展，主要体现在三个方面，首先是在测量原理方面实现了从"比较测量"到"啮合运动测量"再到"模型化测量"；再者就是实现测量原理的技术手段在经历了"以机械为主"到"机电结合"的过程后，发展为现在的"光-机-电"与"信息技术"的综合集成；最后是在表述与利用测量结果方面经历了"指示表加肉眼读取"到"记录器记录加人工研判"再到现在"计算机自动分析并将测量结果反馈到制造系统"的飞跃。与此同时，齿轮测量仪也是经历了从单品种单参数仪器到单品种多参数仪器的转变，最后演变为现在的多品种多参数的仪器。

C.1　现代齿轮测量技术

（一）基于齿轮双面啮合多维测量原理的齿轮在线快速测量技术

　　传统的齿轮在线快速测量技术一般都是采用齿轮双面啮合测量的原理，因为这一原理十分简单，且测量效率又高，对环境没有严格的要求，同时又具备可使测量齿轮制作更加简便的特点，满足了快速测量的要求，过去对齿轮双面啮合测量技术的研究主要在两个方面，一个是采用微电子与计算机技术，实现测量过程的自动化，并对测量结果进行各种分析与处理；另一个是研究该测量方法所蕴涵并掩盖的信息量，通过改变测量齿轮的结构形式来尽可能多地挖掘出新的齿轮误差信息，但是这些努力都没有改变齿轮以啮测量的本质。通过这项测量技术所获得的径向综合误差是综合了齿轮左右齿面多种单项误差作用的结果，主要反映了被测齿轮的径向误差。最后经理论与实践证明，通过以啮测量所获得的结果很难保证齿轮轴向精度指标能否合格，而且齿轮轴向的精度在一定程度上是由齿轮寿命、振动与噪声决定的。虽然在计量室条件下测量齿轮轴向精度都是比较成熟的技术，但是面向生产现场大批量齿轮的快速检测时，想要快速获取齿轮的轴向精度信息是十分困难的。而齿轮双面啮合多维测量原理就是这时候发展起来的，当被测齿轮与测量齿轮做无侧隙啮合滚动时，测量中心距的变化量与齿轮的轴线偏摆量，再处理多路测量信号并获取齿轮的径向综合误差与轴向误差信息，其实就是在传统的双面啮合测量法上增加齿轮的自由度，再通过新增的自由度来反映被测齿轮的轴向精度信息。该测量技术关键就在于改变了传统测量的一维测量的本质，又能在一次快速测量中同时得到被测齿轮的轴向精度信息。而之所以能实现齿轮双面啮合多维测量原理，主要是因为在传统双啮仪的基础上增加了一个二维浮动机构，上面安装特殊测量齿轮，不但可以径向移动，而且二维浮动机构还能作微小径向偏转与切向偏转。

（二）基于光学方法的齿轮并行测量技术

　　不管是采用测头还是标准齿轮，基于接触法的齿轮测量都属于串联测量，也就是先测上一点然后测量下一点，通过测量一系列的点来完成相关测量要求。但是通过齿轮串联测量方式获得的齿面信息不够丰富，且测量效率偏低，这时基于非接触测量的光学方法应时发展了起来，它可以同时获得多个被测量的信息，因此也被称为并联测量。目前光学方法测量齿轮主要有两种方法，即采用相移法的齿面测量与基于摄影的齿轮参数测量。

1. 基于相移的三维齿面测量技术

该测量系统一般多采用基于四步相移法的测量技术，实际上就是测量被测齿轮与标准齿轮的差别，属于一种比较测量，测量一个齿面只需一秒钟的时间，而且分辨率在一微米，它能获得面齿上 1000×1000 个点的信息，而且使用这种测量方法还可测量斜齿轮，但是要保证测量的精度必须先保证标准齿轮的精度，目前已研制出绝对测量的齿面测量系统。

2. 基于摄影的齿轮参数测量

通常的测量系统由光学照明系统、CCD 摄像头、图像采集系统、与计算机以及相应的软件组成。其工作的原理是由照明系统发出的平行光线使齿轮产生阴影轮廓，再经透镜系统聚集后成像于 CCD 面阵上，CCD 将图像信号变为电荷信号，利用图像采集卡存入到计算机内存中，然后所采集到的图像经由软件的处理、存储并计算出相应的各个尺寸利用图像测量技术进行齿轮非接触测量，测得齿轮中心、齿顶圆半径、齿根圆半径、齿峰、模数、齿顶高系数、齿顶高变动系数、变位系数、压力角与齿距等参数。这种测量系统的精度取决于标定精度，而标定的方法一般是在视场内放置一标准尺寸的试块，测量系统处理工件时读取该试块的像素值，然后再用工件的像素值除以该试块的像素值，就可达到自动校正的目的。在实际的测量中，测量精度不但取决于标定精度，还取决于 CCD 本身的误差与光学系统的误差。

3. 面向网络的齿轮闭环测量技术

齿轮闭环测量是将齿轮几何精度的测量结果反馈给机床，并以此为依据来修磨刀具并调整机床，属于主动测量，主要应用于螺旋锥齿轮的检验与机床、刀具参数的调整等场合，以往主要是依据螺旋锥齿轮的配对检验机的检验结果来进行判断的，然而这种测量方法测量出来的结果带有随机性，完全依靠经验来判断，同时测量与机床调整都需要耗费大量的时间，而且难度大、生产成本高、周期长。在螺旋锥齿轮试切时，若质量不能完全达到要求，这时可以通过齿轮测量闭环系统的相应软件，依据测量结果重新计算并调整机床加工参数，以使再次试切时加工出质量更好的产品。

C.2 齿轮视觉检测仪器

齿轮测量可分为接触式测量和非接触式测量。齿轮视觉检测技术属于非接触式测量，涉及光学、电子学、计算机图形学、齿轮几何学等多个学科，内容覆盖光学成像、图像处理、软件工程、工业控制、传感器、齿轮精度理论等。相对于接触式测量，机器视觉检测具有效率高、信息全、稳定性好、可识别缺陷等优点，在齿轮检测领域得到越来越广泛的应用。近十年来出现了影像仪、闪测仪、CVGM 仪器、在线检测设备等多种基于机器视觉技术的齿轮检测仪器，它们既可以实现齿轮综合式检测，又可以实现齿轮分析式测量，更能进行齿轮缺陷检测。

如图 C-1 所示，齿轮视觉检测仪器由工业相机、镜片、光源、计算机等几个主要部分组成。常用两种照明方式：图 C-1（a）采用背光源从待测齿轮下方照明，采集到的是齿轮投影图像，齿轮边缘锐度高、噪声小，此方式适用于齿轮精度测量；图 C-1（b）采用正光源从待测齿轮上方照明，采集到的是齿轮端面图像，能够凸显齿轮表面缺陷特征，此方式适用于齿轮表面缺陷检测。

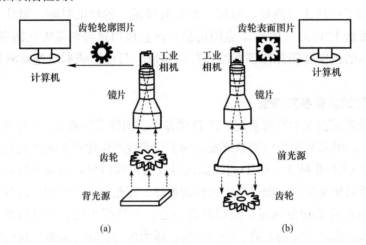

图 C-1　齿轮视觉检测仪器构成
（a）齿轮精度测量系统；（b）齿轮缺陷检测系统

齿轮视觉检测仪器经历了从只能"离线抽检"齿轮的"个别尺寸"，到结合齿轮精度理论做出齿轮"精度评定"，再到可以在生产现场"在线检测"的飞跃，从通用仪器演变为专用仪器。常见的通用仪器有影像仪、闪测仪等，专用仪器有 CVGM 仪器、齿轮在线检测设备等。

（1）影像仪（图 C-2）

影像仪（VMM）是小零件行业应用广泛的通用视觉检测仪器，可用于测量齿轮外径、孔径等几何尺寸。影像仪有手动式和自动式之分。手动式影像仪的成本较低，但调光、对焦、选点、修正等都依赖人工操作；测量齿轮时，需要人工取点来拟合齿顶圆、齿根圆等几何要素。

自动式影像仪在工作台的 X、Y 和 Z 轴方向可以精确移动，能够实现自动对焦，测量精度更高。通过示教或编程可以实现齿轮测量中的自动取点，但操作过程较为复杂，对操作人员要求高。自动式影像仪一般没有齿轮测量专用软件，能够测量的齿轮指标不全，不能进行精度评价和分析。

传统影像仪视场一般较小，为了获取整个齿轮端面轮廓，需要进行图像拼接。手动式影像仪进行图像拼接时效率低、难度大，精度也较差。自动式影像仪可以实现图像的自动拼接，效率较高，但拼接成的图像存在亮度、对比度不均匀的现象，尺寸测量精度同样受到影响。

（2）闪测仪

近年来，市面上出现一种新型的一键式影像测量仪（闪测仪），视场范围大，可以一次测量多个零件。此外，闪测仪还可导入 CAD 图，通过"比较测量"识别缺陷，如将实际齿廓图像与标准 CAD 图的齿廓对比，可以得到缺齿、断齿等缺陷信息。闪测仪的测量效率相比传统影像仪显著提升，但价格昂贵，同样缺少齿轮精度评价专门功能。

图 C-3 为 VX8000 系列闪测仪，采用双远心高分辨率光学镜头，结合高精度图像分析算法，并融入一键闪测原理。传统测量仪器如投影仪、影像测量仪、工具显微镜、轮廓仪、游标卡尺、千分尺等，在测量时面临诸多问题，如：测量对象的定位、原点定位费时，批量测量操作时间长，不同测量人员导致测量结果不同，数据统计管理繁杂等。闪测仪在 CNC 模式下，任意摆放产品，无需夹具定位，仪器即可根据工件的形状自动定位测量对象、匹配模板、测量评价、报表生成，实现一键式快速精准测量。支持 CAD 图纸导入，一键自动匹配测量，同时在 CNC 模式下，可快速精确地进行批量测量。

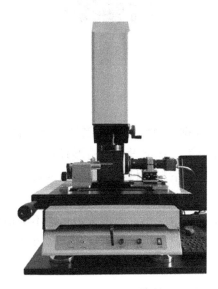
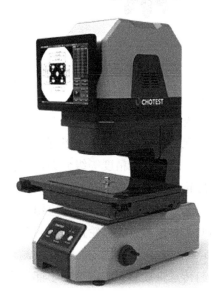

图 C-2　影像仪　　　　　　　　　图 C-3　VX8000 系列闪测仪

（3）CVGM 仪器（图 C-4）

CVGM 仪器采用齿轮激光全息测量技术，以单频的氦氖激光器为光源，首先在干涉测量系统获得参考标准齿面的全息图像，然后将标准齿面替换为被测齿面放置于干涉测量系统中，同时将已经拍摄到的全息图像置于系统中。测量时，激光经分光棱镜分光扩束后分为了测量光路和参考光路，其中测量光照射到被测齿面上。两束光线同时照射在全息图上，形成了被测齿面和参考齿面间的干涉条纹，并投影在接收屏幕上。在对条纹图像进行数据处理后，可以得到被测齿面相对于标准齿面的形状误差。

对于模数 0.2mm 以下的小模数齿轮，难以使用接触式方法测量齿廓、齿距、公法线长度等关键参数，CVGM 仪器专用于解决小模数齿轮测量难题，可在 1s 内自动计算出齿廓、齿距、径向跳动、公法线长度、齿厚变动量、内孔尺寸、实际压力角等关键精度信息，自动根据齿轮精度标准对齿轮误差进行评级，输出完整的齿轮精度检测报告，并做出判断。CVGM 仪器的齿廓偏差测量精度为 $\pm 3\mu m$，齿距偏差测量精度为 $\pm 2\mu m$，具有强大的分析功能，可测量双向截面整体误差曲线。

CVGM 仪器使用齿轮整体误差曲线作为齿轮单项误差计算的中间体，即先由齿轮轮廓生成齿轮整体误差曲线，再由齿轮整体误差曲线计算出各单项误差；并以 SJZ 曲线方式表达测量结果，大大提升了齿轮误差分析能力。

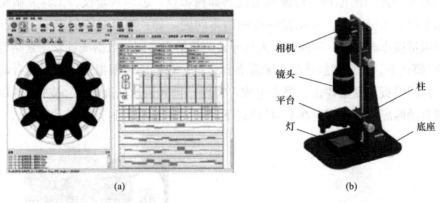

(a)　　　　　　　　　　　　　(b)

图 C-4　CVGM 仪器

（4）齿轮在线检测设备

齿轮视觉在线检测设备一般都具有分选功能，根据检测结果把被测产品分成合格品、不合格品，或按齿轮精度等级分类，或按缺陷类型分类。该类设备结构形式有三种：直接集成在齿轮产品传送带上方，结构较简单；使用专用上下料机械手和其他辅助机构，结构最复杂；采用玻璃转盘式结构，应用最广泛。

图 C-5 是传送带式齿轮视觉检测系统，优点是占用空间小，但传送带运动不平稳和易磨损，产品摆放角度不固定，导致检测精度难以提高。由于传送带不透光，该设备无法获取齿轮与传送带接触面的图像，不能实现双面测量。

图 C-5　传送带式齿轮视觉检测系统

图 C-6 所示设备采用了机械手、导轨、转盘等部件，结合专门设计的自动检测装置完成齿轮上下料、检测、分选和摆盘等一系列操作。这类检测设备功能较强，但结构复杂，成本较高。

玻璃转盘式的注塑齿轮在线检测分选系统，如图 C-7 所示。玻璃转盘由伺服电机和精密减速器驱动，带动待检齿轮通过视觉检测工位，可保证图像采集过程中齿轮匀速平稳运动。转盘采用高透明玻璃材质，不需翻转就可得到产品底部的检测图像。由光电传感器定位齿轮在转盘上的位置，使用气动执行器将 OK/NG 的齿轮吹入相应的存储盒实现自动分拣。该系统能够实现注塑齿轮黑点、毛刺、缺齿、断齿、翘曲变形等外观缺陷检测，也能完成常规几何尺寸和形位误差的测量，并能根据缺陷阈值、尺寸公差实时分选出合格品和不合格品，且具备报警功能。该系统对齿轮端面的检测时间小于 0.3s，满足生产节拍的需求，特别是具有齿轮轴向测量功能。

图 C-6　使用机械手和自动装置的齿轮视觉检测设备

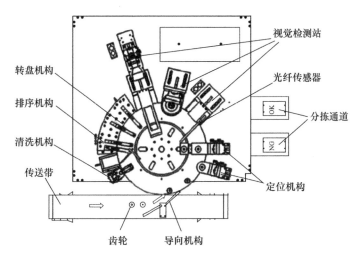

图 C-7　玻璃转盘式齿轮视觉检测分选系统

目前，齿轮机器视觉测量仪器和技术的研究和应用主要集中在小模数齿轮领域，原因如下：在机器视觉测量中，测量精度和测量范围（视场范围）是一对矛盾，现有的机器视觉测量仪器难以同时满足中、大模数齿轮对视场范围和测量精度的要求；小模数齿轮的齿槽宽度小、轮齿刚性差，常规的接触式测量仪在测量小模数齿轮时效率低、测量困难，不能满足小模数齿轮的测量需求。

随着人工成本的增加和产业升级需求的提升，在大规模齿轮生产过程中齿轮视觉在线检测设备的应用越来越多。齿轮视觉在线检测设备的特点有：耦合于生产线上，可高效测量批量齿轮的尺寸精度，实时监测齿轮质量，自动剔除不合格品，形成"生产-检测-分选"自动化流水线；对齿轮外观缺陷进行识别和分类，实现大批量齿轮的"应检尽检"，用"大数据"手段分析齿轮工艺问题，与生产管控系统互联，及时调整工艺参数，减少损失；实现齿轮质量长期监测，及时发现齿轮质量的异常变化；可实现网络化监管和远程监控，即使在千里之外也可以监控整个生产过程，把握生产动态。

在未来，齿轮视觉检测技术必将纳入更多先进的科学技术，齿轮视觉检测仪器也将集成更多新技术，并充分发挥各项技术的优点，提升检测效率和精度。三维视觉检测技术、视觉检测设备的复合化、微型化和智能化将是齿轮视觉检测技术的发展趋势。未来每条齿轮产线的生产动态都可以集成到一个软件中进行分析，检测数据实时存储到云端，长期积累的庞大数据将为齿轮生产工艺带来巨大的变革。